切换广义系统的稳定与镇定

门 博 著

东北大学出版社
·沈 阳·

图书在版编目（CIP）数据

切换广义系统的稳定与镇定 / 门博著. — 沈阳：
东北大学出版社，2019.12
ISBN 978-7-5517-2343-5

Ⅰ. ①切… Ⅱ. ①门… Ⅲ. ①广义系统理论—研究
Ⅳ. ①N941.1

中国版本图书馆 CIP 数据核字（2020）第 001439 号

出 版 者：东北大学出版社
地址：沈阳市和平区文化路三号巷 11 号
邮编：110819
电话：024-83687331（市场部） 83680267（社务部）
传真：024-83680180（市场部） 83687332（社务部）
网址：http://www.neupress.com
E-mail：neuph@neupress.com
印 刷 者：沈阳市第二市政建设工程公司印刷厂
发 行 者：东北大学出版社
幅面尺寸：170mm×240mm
印 张：6
字 数：126 千字
出版时间：2019 年 12 月第 1 版
印刷时间：2020 年 1 月第 1 次印刷
组稿编辑：刘乃义
责任编辑：朗 坤
责任校对：文 浩
封面设计：潘正一
责任出版：唐敏志

ISBN 978-7-5517-2343-5 定 价：68.00 元

前 言

切换系统是按离散事件机制选择连续变量部分模型的一类混合动态系统，是一类重要的系统模型。切换前后系统服从不同的微分方程或差分方程，切换机制形式可以不同，但状态始终为连续的。广义系统又称为奇异系统、描述器系统，是一类比正常系统更具广泛形式的动力系统。

很多的实际系统，如经济系统、生物系统、生理系统等，既是广义系统，又是切换系统。这类系统被称为切换广义系统，即子系统均为广义系统的切换系统。切换广义系统是有着广泛应用背景的动力系统，稳定性是它的重要特性，是研究最为集中的问题。

切换广义系统有不同于连续时间或离散时间广义系统的特殊性质，切换规则的选择对切换系统的稳定性有重要作用。假设一个切换系统有有限个子系统供切换，即使每个子系统是不稳定的，但通过选择适当的切换函数，可以使整个切换系统稳定，反之亦然。因此，与通常的连续系统和离散系统相比，切换广义系统具有一定的特殊性，这些特性增加了分析切换广义系统的难度。

在实际控制问题研究中，往往由于物理的限制使得控制器的选择受到约束，例如控制行为必须在一组（有限的）给定控制器之间进行切换。当单一的反馈控制无法使系统渐近稳定时，可采用切换技术。在很多情况下，通过设计切换控制器能够获得更好的效果，有效地实现系统的镇定。

本书研究了切换广义系统的稳定与镇定问题。给出了一类离散广义系统稳定的条件，设计了一类结合共同增益和变增益的控制器的随机控制器，实现了控制的目的。

限于著者水平和能力，本书中不当之处在所难免，恳请各位专家学者给予批评指正。

门 博

2019年9月

目 录

第1章 绪 论

1.1 引言

动态系统是同时包含连续变量动态系统和离散事件动态系统，并且两者存在相互作用的复合系统。它本质上是现代计算机等数字控制技术应用于连续系统的产物。分布式控制系统、嵌入式系统等人工复杂系统的发展，一些系统本身的不连续性，如根据系统连续变量变化和离散事件的发生对系统进行控制的系统，都是混合动态系统受到重视的原因。对于混合动态系统，迄今还没有统一的定义。然而，一个混合动态系统的不同部分会表现出几种动态行为，连续变量动态系统用微分方程或差分方程的模型建模并服从连续系统的运动规律，离散事件过程一般用逻辑模型建模并服从离散事件系统的演变规律。整个混合动态系统的演化过程是两者相互作用的结果。

切换系统是混合动态系统中一类重要的模型。切换型混合动态系统是按离散事件机制选择连续变量部分模型的一类混合动态系统，切换机制可有不同的形式，切换前后系统服从不同的微分方程或差分方程，但状态始终为连续的。切换系统有明确的工程背景，它存在于很多实际系统中，如无线电通信、高速公路控制、电脑磁盘驱动器、汽车转向系统及机器人控制系统、宇航飞行器的最优控制等。这些系统的特点是用多个控制器依切换方式控制一个动态过程，对模糊系统的切换控制，只允许在有限个模型中进行切换，以实现控制的目的。

广义系统是一类比正常系统更具广泛形式的动力系统，广义系统理论是20世纪70年代才开始形成并发展起来的现代控制理论的一个分支。广义系统理论的研究迄今有几十年的历史，已取得了极大的发展，并逐渐形成一个内容丰富的理论体系，已成为现代控制理论的一个重要组成部分。1974年，英国学者Rosenbrock在研究复杂的电路网络系统时，首次提出广义系统的问题，在控制领域和数学领域引起了广泛关注，拉开了对广义系统理论研究的帷幕。

在广义系统理论发展初期，即20世纪70年代，研究进展较慢。进入20世纪80年代后，越来越多的控制理论工作者对广义系统产生了浓厚的兴趣，广义系统理论也进入了一个新的发展阶段，在之后的十年中，广义系统理论取得了蓬勃的发展。从20世纪90年代初至今，作为现代控制理论的一个分支，广义系统的研究已从基础向纵深发展，取得了丰硕的成果。

广义系统又称为奇异系统、描述器系统等。广义系统与正常系统相互对应，既存在内在的联系，又有着本质的区别。

在过去的几十年里，由于广义系统在大系统、奇异扰动理论，尤其在受限的机械系统中有着广泛的应用，从而吸引了众多科学工作者的关注，主要是研究广义系统的稳定性、正则性、脉冲可观测性和可控性等。同时，也有许多的稳定性的问题被广泛地研究。另一方面，线性切换系统也在最近几年得到了广泛的研究，许多关于这类系统的稳定性与设计、可控性与可观测性的结果被建立了。但是，很多实际系统，如经济系统、生物系统、生理系统等，既是广义系统又是切换系统，称这类系统为线性奇异切换系统，即子系统均为广义系统的切换系统。目前对这类系统的研究甚少。

目前研究的切换系统，其子系统都是正常的线性或非线性系统，而关于切换广义系统的研究却不多见。

随着控制理论的不断发展，稳定性理论也备受重视。有关稳定性的类别，研究方法不断更新。

稳定性是系统的一个重要特性。一个系统要能正常工作，它首先必须是一个稳定的系统，即系统应具有这样的性能：在它受到外界的扰动后，虽然其原平衡状态被打破，但在扰动消失后，它有能力自动地返回原平衡状态或者趋于另一新的平衡状态继续工作。换句话说，所谓系统的稳定性，就是系统在受到小的外界扰动后，被调量与规定量之间的偏差值的过渡过程的收敛性。可见，稳定性是系统的一种动态属性。

在控制理论中，无论是调节器理论、观测器理论还是过滤预测理论，都不可避免地要遇到系统稳定性问题。因为不稳定的系统通常是不能付诸实用的，所以在控制工程和控制理论中，稳定性问题一直是一个基本的和重要的问题。因此，稳定性是控制系统的一种结构属性，是系统分析与设计的前提条件，也是实际系统正常工作的基本保障。

按照系统设计的不同要求，系统稳定性可分为基于输入输出描述的外部稳定性和基于状态空间描述的内部稳定性。而对于线性时不变广义系统，内部稳定即为渐近稳定，也是稳定性理论中最具重要性和普遍性的研究问题。

1.2 混合动态系统概述

第一篇研究混合动态系统的文章出现于20世纪60年代；1979年，瑞典学者Cellier引入混合系统结构的概念，把系统分为连续、离散和接口三部分；1989年，Golli对于计算机磁盘驱动器的模型引入混合系统的概念，把连续部分和接口结合起来研究。混合动态系统的提出，是现代控制理论和计算机技术等高新技术发展的结果，特别是计算机信息处理速度的不断提高、存储量的增加，以及多任务实时处理功能和通信功能的提高，使计算机数字技术被广泛应用于通信网络、现代工业生产制造系统、交通系统、军事系统等大规模的复杂系统。这些应用突破了计算机单纯代替模拟控制装置的局限，也突破了计算机只作为控制单元的单一功能，而是实现了集控制、调度、管理、总体优化等于一体的多任务和多功能的控制和决策。计算机被拓展到连续加工过程和连续处理过程，如石油化工、冶金等连续工业的生产和调度，供电网的监控和调度，城市交通系统的指挥和监控，飞机和巡航导弹中基于计算机和其他复杂信息处理装置的决策和高精度控制。这些重要的工程和军事问题，促进了对同时包含相互作用的连续变量过程和离散事件过程的混合动态系统的研究。

对于混合动态系统的特点，目前还没有公认的统一的定义，但一般认为混合动态系统应当有如下特点：① 系统同时包含按照连续变量系统规律变化的连续变量和按照离散事件系统规律演化的离散事件，整个系统的演化过程是一个混合的运动过程；② 系统中的连续变量和离散事件之间存在依据某种规律或规则的相互作用，连续状态的变化过程和离散事件的演化过程相互制约；③ 一般来说，系统的状态是随时间演化的，系统具有一个动态系统的基本特征。

混合动态系统与连续动态系统和离散事件系统不尽相同，它有自身的特点，主要表现在以下几个方面。混合动态系统不能不顾系统的连续状态特性，而简单地归结为对离散事件系统的研究，因为系统的连续状态变量对离散事件的演化有作用。同时不能离开对离散事件的演化过程而只研究连续动态系统，系统连续状态的变化既受离散事件的控制和制约，也对系统的离散事件的演变起控制和制约作用。混合动态系统的提出和发展是对复杂大系统研究的结果，其模型的复杂性大为增加，然而，对具体的混合动态系统的处理却不一定比连续动态系统或离散事件系统复杂。相反，在连续过程的计算机控制中，对大规模复杂系统的整体性能的要求越来越高，传统的控制方法将受到限制，而用连续变量动态系统和离散事件动态系统的混合动态模型来分析、研究实际系统有相当的灵活性。如光滑非线性动态系统的镇定，可通过非光滑的离散事件动态系统模型控制器来实现。有约束的连续变量动态系统的最优控制中，控制器是呈离散时刻跳跃变化的开关型控制器。

混合动态系统的研究内容及其分类与其他类型的系统类似，对于混合动态系统的研究是在建立合理的模型的基础上，分析混合动态系统中连续变量运动和离散事件演化的内在规律，利用混合动态系统控制方法的灵活性对系统进行控制，是混合动态系统研究的基本内容。

由于混合动态系统类型和结构的多样性，难以建立一般的统一的模型和分析方法。然而，建模和分析面临的三个基本问题是对系统中连续变量状态、离散事件状态及其相互作用进行合适的描述。连续变量状态通常用微分方程或差分方程描述。离散事件状态用逻辑变量模型描述，常见的工具有自动机、Petri网、子语言、极大代数理论、随机扰动理论等。离散事件对连续变量的作用体现在微分方程或差分方程中引入离散输入，即方程中有反映逻辑状态的参数或输入量，而逻辑状态的演化为离散事件所驱动；连续变量对离散事件的作用体现在离散事件的发生及其逻辑变量的演化由连续变量的取值或由其定义的时事件函数的取值变化来触发。根据不同模型，可以把混合动态系统分成一些特殊类型。典型的类型有切换型混合系统、水箱型混合系统、集中控制型混合系统、旅行商型混合系统、递阶型混合系统、仿真语言型混合系统、混合自动机（Petri网）型混合系统等。

总体而言，混合系统的研究处于开创阶段，其理论基础和应用都是研究的主要内容。混合系统的类型较多，应用范围广泛，研究方法具有多样性，用控制、计算机科学、人工智能、系统辨识、参数估计、通信等多领域的理论和技术对混合系统进行研究，使之成为控制理论及工程控制、计算机、系统科学等学科的研究热点。其中，对混合系统的三个基本问题的研究最为活跃，大多针对特定的模型来研究，包括系统模型的实际工程背景分析、系统的运动特性、对系统的有效控制策略等。

1.2.1 切换系统研究现状

切换系统是混合动态系统中一类重要的模型。切换型混合动态系统是按离散事件机制选择连续变量部分模型的一类混合动态系统，切换机制可有不同的形式，切换前后系统服从不同的微分方程或差分方程，但状态始终为连续的。切换系统有明确的工程背景，它存在于很多实际系统中，如无线电通信、高速公路控制、电脑磁盘驱动器、汽车转向系统及机器人控制系统、宇航飞行器的最优控制等。这些系统的特点是用多个控制器依切换方式控制一个动态过程，对模糊系统的切换控制，只允许在有限个模型中进行切换，以实现控制的目的。

切换系统可看作一类变结构系统，但分析的复杂性加大。对线性切换系统的研究有较多结果，而对非线性切换系统的研究总体上处于开始阶段。切换系统的模型容易建立，对其研究比较深入，同时出现了大量的研究成果，包括稳定性、能控性、能观测性、切换镇定及其他综合问题；同时，自适应切换系统也是研究的重要内容。

目前讨论的切换系统多是这样的系统：系统的微分方程（或差分方程）是分段函数，系统的连续状态运动轨迹由它们决定；而系统的离散状态是有限的，由切换控制函数确定；无论是连续状态变量还是离散状态变量，一般是连续状态、离散状态以及输入的函数。对切换系统的研究集中在以下几个方面。① 系统运动的直观分析。由于切换的引入，即使线性系统，其运动情况也极为复杂。文献［5］给出了子系统都稳定但整个切换系统不稳定和子系统都不稳定而整个切换系统稳定的例子。② 系统的能控性和能观测性。系统的能控性和能观测性分析是对其控制和综合的基础，然而研究难度较大。早期，Jelel Ezzine和A. H. Haddad对切换系统的能控性进行了一般分析，并用状态反馈方法给出了不稳定切换系统的镇定。文献［6］~［11］分析了一些较特殊的线性切换系统的能控性和能观测性。③ 系统的稳定性分析。对切换系统稳定性分析的常用工具是Lyapunov函数的推广，如共同Lyapunov函数、多Lyapunov函数、分段Lyapunov函数及其变形等。文献［5］提出的切换系统稳定性的三个基本问题有一定的启发意义。总之，切换系统有模型明确、研究方法多样、背景理论（如线性系统理论、Lyapunov稳定性理论、自适应控制理论等）成熟、实际应用广泛等特点，使切换系统成为混合系统中研究较多的热点问题，也是现代控制理论的一个重要分支。

1.2.2 切换系统稳定性的基本问题

本节介绍切换系统稳定性的基本问题和结论，其中包括：切换系统对任意切换信号稳定的条件；判断使切换系统稳定的切换信号；如何构造使系统稳定的切换信号。这些问题给出了切换系统稳定性分析和设计切换系统的一般思路。

考虑如下切换系统：

$$\dot{\boldsymbol{x}} = \boldsymbol{f}(\boldsymbol{x}(t),\ i(t),\ \boldsymbol{u}(t)) \tag{1.1a}$$

$$i(t) = q(\boldsymbol{x}(t),\ i(t^-),\ \boldsymbol{u}(t),\ t) \tag{1.1b}$$

$$\boldsymbol{y}(t) = \boldsymbol{g}(\boldsymbol{x}(t),\ i(t),\ \boldsymbol{u}(t)) \tag{1.1c}$$

其中，$i(t):\mathbf{R}^n\times\mathbf{R}^p\times Q\times\mathbf{R}^1\to Q$，是取值离散的关于时间连续的切换控制函数，代表系统在t时刻所处的模态，是时间的分段左连续常值函数，$i(t)\in Q=\{1,2,\cdots,N\}$，$i(t)=p(p\in Q)$称系统处于第$p$个子系统；$x\in\mathbf{R}^n$为连续状态向量，$\boldsymbol{u}\in\mathbf{R}^p$为输入向量，$\boldsymbol{y}\in\mathbf{R}^m$为输出向量，$t\in\mathbf{R}^1$表示时间。系统的连续状态$\boldsymbol{x}$的演化由函数$\boldsymbol{f}(\boldsymbol{x}(t),\ i(t),\ \boldsymbol{u}(t)):\mathbf{R}^n\times\mathbf{R}^p\times Q\to\mathbf{R}^n$决定，$\boldsymbol{g}(\boldsymbol{x}(t), i(t), \boldsymbol{u}(t)):\mathbf{R}^n\times\mathbf{R}^p\times Q\to\mathbf{R}^p$决定系统的输出。由于切换控制函数有可能与时间有直接关系，切换控制函数还是t的函数。

目前研究的切换系统多为系统方程和切换控制函数只是关于$\boldsymbol{x}(t)$，$i(t)$，$\boldsymbol{u}(t)$及t中的一个或几个变量的线性切换系统。系统（1.1）所对应的线性系统是

$$\dot{\boldsymbol{x}}=\boldsymbol{A}_{i(t)}(t)\boldsymbol{x}(t)+\boldsymbol{B}_{i(t)}(t)\boldsymbol{u}(t) \tag{1.2a}$$

$$i(t)=q(\boldsymbol{x}(t),\ i(t^-),\ \boldsymbol{u}(t),\ t) \tag{1.2b}$$

$$\boldsymbol{y}(t)=\boldsymbol{C}_{i(t)}(t)\boldsymbol{x}(t)+\boldsymbol{D}_{i(t)}(t)\boldsymbol{u}(t) \tag{1.2c}$$

其中，$\boldsymbol{A}_{i(t)}(t)$，$\boldsymbol{B}_{i(t)}(t)$，$\boldsymbol{C}_{i(t)}(t)$，$\boldsymbol{D}_{i(t)}(t)$是切换系统的系数矩阵，切换控制函数$i(t)$通常是基于连续变量$\boldsymbol{x}(t)$，$\boldsymbol{u}(t)$的取值或由其定义的逻辑函数的取值来确定的。

1999年10月，Daniel Liberzon和A. Stephen Morse在*Systems & Control Letters*上发表了第一篇有关切换系统的稳定性及其设计的综述文章，比较全面地阐述了切换系统稳定性研究的基本问题。

第一个问题是寻找能使切换系统（1.1）或系统（1.2）对任意切换控制信号都渐近稳定的条件。它的重要性在于：一组稳定的控制器控制一个给定的被控对象，每一个控制器完成某一特定的任务，并且有高级监督决策器决定每一个时刻该选择哪一个控制器。图1.1给出了多控制器切换系统的结构图。

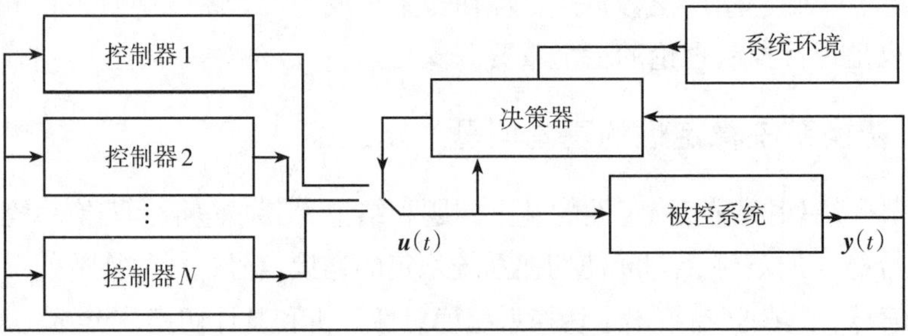

图1.1　决策切换控制系统框图

如果每一个控制器都能使系统稳定，只要每个控制器在系统中滞留足够长的时间，以使过渡影响消失，则系统的稳定性是可以保证的。但现代计算机控制系统可能有很快的切换速度，因此对于任意快的切换信号，切换系统的稳定

性就显得很重要。假设每个由被控对象和控制器组成的子系统都有相同的平衡点：$x=0$，$f_p(0)=0$，$\forall p\in P$。显然，对于任意的切换信号，系统（渐近）稳定的必要条件是每个子系统都（渐近）稳定。否则，若第p个子系统不稳定，若置$\sigma=p$，则切换系统是不稳定的。但每个子系统都稳定并不是切换系统稳定的充分条件，同时也依赖于切换信号的选择。

对于这一问题，一般假设切换系统的每一个子系统都是稳定的，但是这不足以保证系统在任意切换下都是稳定的。如图1.2所示，（a）和（b）描述了两个稳定的子系统的状态轨迹，如果进行不适当的切换，子系统（a）在第二、第四象限运行，子系统（b）在第一、第三象限运行，则切换系统可能不稳定，如（c）所示。

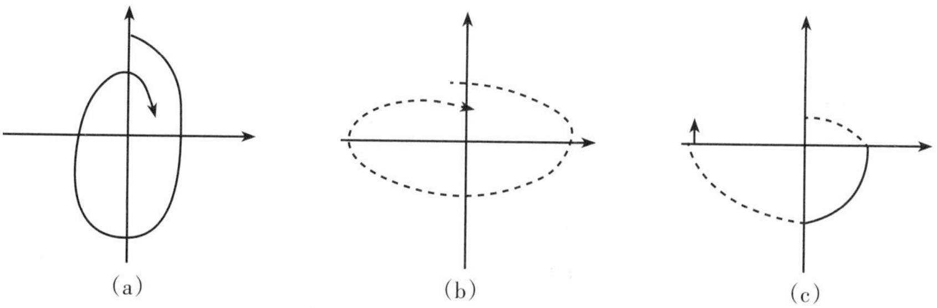

图1.2 稳定子系统的可能切换轨迹

解决这一问题的一个可行的办法是找到各子系统存在共同的Lyapunov函数的充分条件。如果各子系统存在共同的Lyapunov函数，那么可以保证切换系统对任意切换均渐近稳定。

实际中满足任意切换都稳定的系统并不多，也就是说，图1.1的多控制器的切换系统中可能没有单独某一个控制器使系统镇定。为了使切换系统稳定，常常需要限制一类满足条件的切换信号，这就是第二个问题：判定哪些切换信号能使系统（1.1）或系统（1.2）渐近稳定。因为切换信号可以取恒值，所以第二个问题在假设每个子系统是渐近稳定的条件下讨论。在此假设条件下，容易得到：只要切换足够慢，则系统的稳定性是可以保证的。切换控制被广为关注的原因之一就是，找一个切换控制器完成控制任务要比找一个（连续）控制器简单。也有这样的情况，连续稳定的控制器是不存在的，从而切换控制技术特别适应。判定切换信号使系统稳定是构造使系统稳定的切换信号的基础。

第三个问题可以看作切换法则的设计问题，即构造切换信号使系统（1.1）或系统（1.2）渐近稳定。切换系统的本质是切换，虽然它由各子系统及一个切换法则构成，但它绝不是各子系统的叠加，而是具有特殊性和复杂性的。不适当的切换法则能使稳定的子系统切换导致不稳定；反之，如果构造适当的切换法则，可以使系统切换稳定，甚至在每个子系统都不稳定的情况下。若有一个子系统（不妨设为第p个）是稳定的，只需使$\sigma=p$，则切换系统是稳定的。因此第三个问题将在每个子系统都不是渐近稳定的条件下研究。如图1.3所示，(a)和（b）描述了两个不稳定的子系统的状态轨迹，若子系统（a）在第二、第四象限运行，子系统（b）在第一、第三象限运行，则切换系统稳定，如（c）所示。

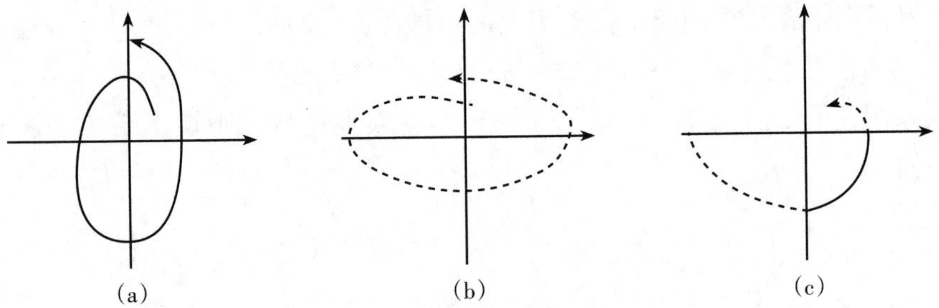

图1.3　不稳定子系统的可能切换轨迹

例1.1　考虑含有两个二阶子系统的切换系统：

$$\dot{\boldsymbol{x}}=\boldsymbol{A}_i\boldsymbol{x}\quad(i=1,2)$$

$$\boldsymbol{A}_1=\begin{bmatrix}0.1 & -1\\ 2 & 0.1\end{bmatrix},\quad \boldsymbol{A}_2=\begin{bmatrix}0.1 & -2\\ 1 & 0.1\end{bmatrix}$$

系统状态的初值为$\boldsymbol{x}^{\mathrm{T}}=[10\quad 10]$，它们各自的状态运动轨迹如图1.4（a）和（b）所示；每隔0.5s系统随机切换一次，其中的两次运动轨迹如图1.4（c）所示；若系统的两状态满足$x_1(t)\cdot x_2(t)\geqslant 0$时系统处于第一个子系统，当$x_1(t)\cdot x_2(t)<0$时选择第二个子系统，系统状态的运动轨迹如图1.4（d）所示；若系统的两状态满足$x_1(t)\cdot x_2(t)\geqslant 0$时系统处于第二个子系统，当$x_1(t)\cdot x_2(t)<0$时选择第一个子系统，系统状态的运动轨迹如图1.4（e）所示。

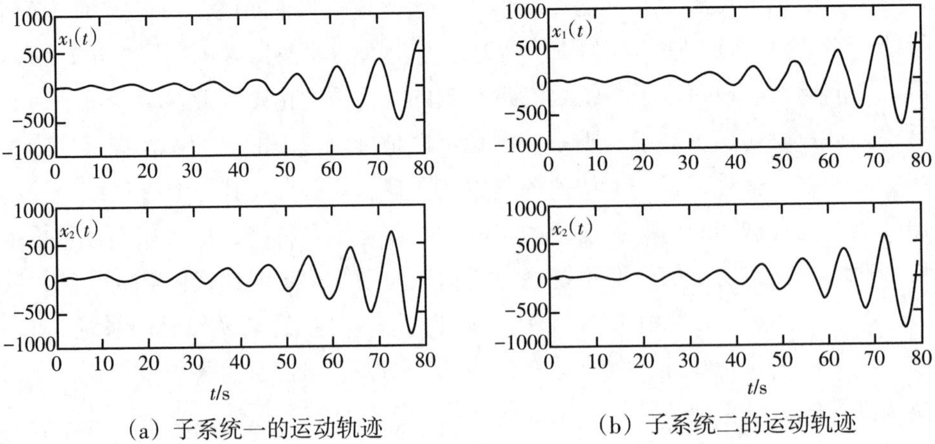

（a）子系统一的运动轨迹　　（b）子系统二的运动轨迹

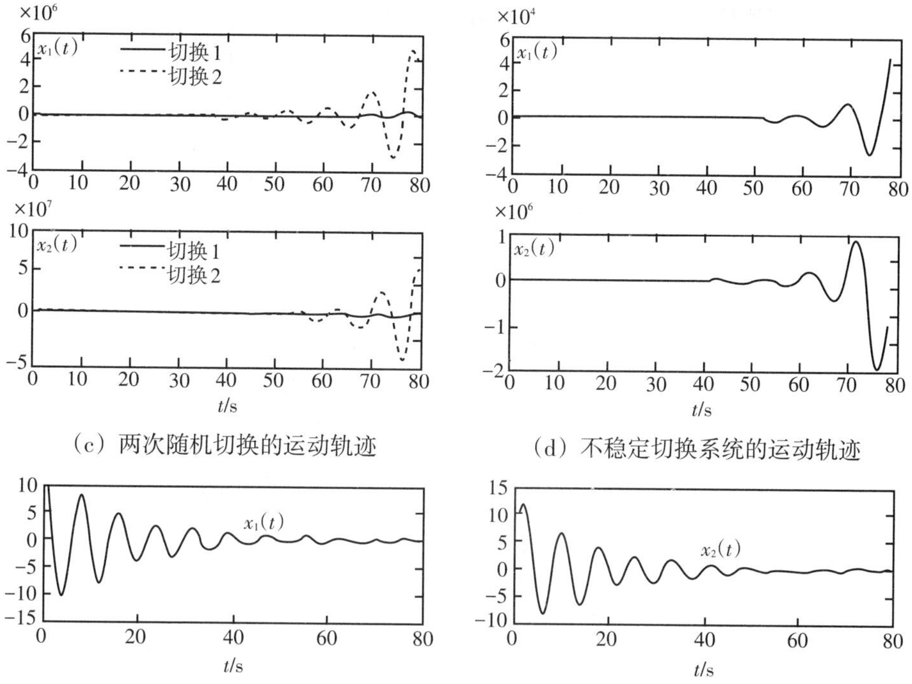

（c）两次随机切换的运动轨迹　　（d）不稳定切换系统的运动轨迹

（e）通过切换控制得到的稳定系统的运动轨迹

图1.4　例1.1图

从上面的仿真例子可以看出，由于切换控制的作用，切换系统的运动表现极为复杂。两个不稳定的系统每隔0.5s进行随机切换，得到的系统状态运动轨迹两次之间相差很大，通过切换控制函数的控制作用，整个切换系统可以是稳定的，也可以是不稳定的。

例1.2　考虑由两个稳定的二阶自治系统组成的切换系统，其中

$$\dot{\boldsymbol{x}} = \boldsymbol{A}_i\boldsymbol{x} \quad (i=1,\ 2)$$

$$\boldsymbol{A}_1=\begin{bmatrix}-0.1 & -1\\ 2 & -0.1\end{bmatrix},\quad \boldsymbol{A}_2=\begin{bmatrix}-0.1 & -2\\ 1 & -0.1\end{bmatrix}$$

系统状态的初值为$\boldsymbol{x}^{\mathrm{T}}=[10\quad 10]$。在两个不同的切换控制策略下运动，若$x_1(t)\cdot x_2(t)>0$，系统处于第一个子系统；否则，系统置于第二个子系统，系统的相轨迹如图1.5（a）所示。若$x_1(t)\cdot x_2(t)<0$，系统处于第一个子系统；否则，系统置于第二个子系统，系统的相轨迹如图1.5（b）所示。

从例1.1和例1.2可以看出，不稳定的系统可通过适当的切换控制实现其稳定化，即使每个子系统都是稳定的，也不能保证切换系统的稳定性。

同时，例1.1也说明了稳定子系统之间的切换可能导致混合动态系统不稳定。但这种不稳定有一个特殊的性质，即在有限的时间里切换系统的轨迹不可

能趋于无限。这样就需要判定：对特定的有用切换信号，切换系统是否保持渐近稳定，这是第二个问题。

例1.1中也存在每个子系统都不是稳定的可能，但可以找到一个切换信号使切换系统渐近稳定，如图1.4所示。这是第三个问题。

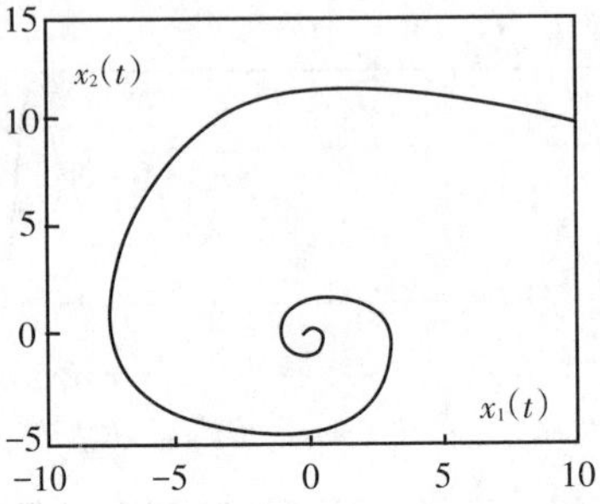

（a）稳定切换系统的相图

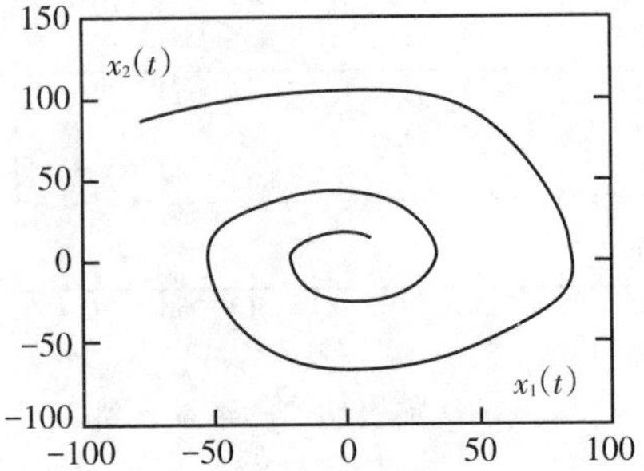

（b）不稳定切换系统的相图

图1.5　例1.2图

1.2.3　切换系统的镇定

在实际的控制问题研究中，往往物理方面的限制使得控制器的选择受到约束，例如控制行为必须在一组（有限的）给定控制器之间进行切换。研究结果表明：在很多情况下，应用切换控制器能够获得更好的效果。例如Hespanha等人通过设计逻辑切换控制器，有效地实现了对带有积分器的非完整系统和带有模型不确定性的非完整系统的镇定。典型的切换系统的例子包括自动传输系统、计算机磁盘驱动器、某些机器人控制系统及柔性制造系统、熔炉的开关控制等。在理论上，也开辟了切换控制系统方面的专题讨论（详见文献［92］、［95］等），目前，关于切换系统控制的研究正日益广泛起来。

切换系统具有如下性质：对每个不稳定的子系统，可以通过构造一个切换策略使得整个系统是稳定的；反过来，即使每个子系统都存在李雅普诺夫函数，仍需要对切换进行限制才能保证系统的稳定性，如果切换策略选取不当，也可导致整个系统的不稳定。关于切换系统稳定性的研究结果主要包括：① 对切换系统设计一个公共李雅普诺夫函数，从而保证对于子系统之间的任意切换，系统是渐近稳定的；② 设计多个李雅普诺夫函数以及相应的切换策略，使得切换系统在给定的切换机制下是渐近稳定的；③ 将切换系统稳定性问题转换为线性矩阵不等式问题来解决。

文献［99］假设标称系统存在一个公共李雅普诺夫函数，给出了一类连续时间不确定线性切换系统渐近镇定的充分条件。文献［100］研究了一类离散时间切换线性系统稳定控制器设计，但假设给定系统是确定性系统。文献［112］研究了一类非切换系统的离散时间鲁棒镇定问题。

1.3 广义系统理论的发展概况

广义系统是一类比正常系统更具广泛形式的动力系统，广义系统理论是20世纪70年代才开始形成并发展起来的现代控制理论的一个分支。1974年，英国学者Rosenbrock在研究复杂的电路网络系统时，首次提出广义系统的问题，在控制领域和数学领域引起了广泛关注，拉开了对广义系统理论研究的帷幕。

在广义系统理论发展阶段的初期，即20世纪70年代，研究进展较慢。进入20世纪80年代，越来越多的控制理论工作者对广义系统产生了浓厚的兴趣，广义系统理论也进入了一个新的发展阶段，在之后的十年中，广义系统理论取得了蓬勃的发展。在广义系统理论的最后发展阶段，即从20世纪90年代初至今，作为现代控制理论的一个分支，广义系统的研究已从基础向纵深发展，取得了丰硕的成果。

广义系统又称为奇异系统、描述器系统等。广义系统与正常系统相互对应，既存在内在的联系，又有着本质的区别。

广义系统与正常系统的联系在于：如果广义系统中的矩阵$\boldsymbol{E}$非奇异，则广义系统成为一个正常系统。因此，如果从矩阵$\boldsymbol{E}$的广泛取值的意义来考虑，广义系统是对正常系统的推广。其分别在于数学模型中是否含有代数约束，即广义系统的模型同时含有微分（或差分）方程和代数方程，而正常系统仅含有微分（或差分）方程。由于正常系统理论的研究基本成熟，已形成一套较为完善的理论体系，因此，为了易于与广义系统区别，习惯上以$\boldsymbol{E}$为奇异矩阵作为广义系统的明显标志，从而使广义系统理论成为一个独立的研究分支。除上述矩阵$\boldsymbol{E}$的明显差异之外，广义系统与正常系统还存在许多本质的区别。

例如，考虑线性时不变的情形，广义系统与正常系统的区别主要体现在以下几个方面。

线性时不变连续广义系统通常表示为

$$\boldsymbol{E}\dot{\boldsymbol{x}}(t)=\boldsymbol{A}\boldsymbol{x}(t)+\boldsymbol{B}\boldsymbol{u}(t) \tag{1.3a}$$

$$\boldsymbol{y}(t)=\boldsymbol{C}\boldsymbol{x}(t)+\boldsymbol{D}\boldsymbol{u}(t) \tag{1.3b}$$

其中，$\boldsymbol{E}\in\mathbf{R}^{n\times n}$一般为奇异矩阵；$\boldsymbol{x}(t)$，$\boldsymbol{u}(t)$，$\boldsymbol{y}(t)$ 分别为适当维数的状态、输入、输出向量，t为时间变量。

线性时不变离散广义系统通常表示为

$$\boldsymbol{Ex}(k+1)=\boldsymbol{Ax}(k)+\boldsymbol{Bu}(k) \tag{1.4a}$$

$$\boldsymbol{y}(k)=\boldsymbol{Cx}(k)+\boldsymbol{Du}(k)\ (k=0,1,\cdots) \tag{1.4b}$$

① 广义系统（1.3）的状态响应中通常不仅含正常系统所具有的指数解(对应于有穷极点)，而且含有正常系统的状态响应中所不出现的脉冲解和静态解（对应于无穷极点)，以及输入的导数项，从而使广义系统出现了正常系统所不具有的脉冲行为。在离散时间情况下，广义系统（1.4）的状态$\boldsymbol{x}(k)$不仅需要k时刻以前的信息，还需要k时刻以后的信息，即离散广义系统一般不再具有因果性，而正常系统都具有因果性。

② 正常系统的动态阶等于系统的维数，而广义系统的动态阶仅仅为$q=\mathrm{rank}(\boldsymbol{E})$。

③ 正常系统的传递函数为真有理分式矩阵，而广义系统的传递函数通常还包含多项式部分。

④ 正常系统的齐次初值问题的解存在且唯一。但对于广义系统，齐次初值问题可能是不相容的，即可能不存在解；即使有解，也不一定唯一。

⑤ 广义系统具有层次性，一层为对象的动态特性（由微分或差分方程描述)，另一层为管理特征的静态特性（由代数方程描述)，而正常系统没有静态特性。

⑥ 广义系统（1.3）的极点，除了有$r=\deg\det(s\boldsymbol{E}-\boldsymbol{A})$个有穷极点外，还有正常系统不具有的（$n-r$）个无穷极点，在这些无穷极点中，又分为动态无穷极点和静态无穷极点。

⑦ 在系统的结构参数的扰动下，广义系统通常不再具有结构稳定性。

广义系统的这些特点使得广义系统比正常系统在结构上变得复杂而富于新颖性，在理论研究上变得困难而更具挑战性。因此，在正常系统理论日趋完善和成熟的基础上，广义系统理论也逐渐吸引着国内外许多学者的极大关注。

广义系统理论的研究思路大多是参照已有的正常系统理论向广义系统推广和移植，其研究方法主要是几何方法、频域方法和状态空间方法。

几何方法是将广义系统化为状态空间中的几何问题进行研究。它的优点是对系统结构有着独到的刻画，如广义系统的能控性结构、能控性子空间以及不变子空间的刻画等。而且，几何方法简洁明了，避免了状态空间方法中大量繁杂的矩阵推导运算，且所产生的结果都可化为矩阵运算。其缺点是对系统鲁棒性问题的分析显得无能为力。多变量频域方法（简称频域方法）是对状态空间描述的广义系统采用频率域的系统描述和频率域的计算方法进行研究。频域方法具有物理直观性强、便于设计调节等优点。至于状态空间方法（或称时域方法），是对状态空间描述的广义系统主要采用矩阵运算和矩阵变换的计算方法，直接对时域系统进行研究，是广义系统理论中最常用的方法。状态空间方法所刻画问题的方式简洁直观，所得结果清晰明了，且可设计相应的软件支持从而适宜在计算机上进行运算，因而该方法应用最广，已深入到了广义系统的分析与综合的方方面面，深受广大控制工程师偏爱。里卡蒂（Riccati）方法和目前流行的LMI（线性矩阵不等式）方法，由于具有能揭示系统的内部结构且易于计算机辅助设计等优点而成为时域状态空间的两种基本方法。

广义系统有线性和非线性之分，在模型描述中含有非线性微分或差分环节的系统称为非线性广义系统，而在其模型中仅含有线性微分或差分环节的系统称为线性广义系统。线性广义系统可分为连续和离散系统，分别用微分方程和差分方程描述。根据模型中系数的特点，线性广义系统又分为定常系统和时变系统。凡是模型描述中含有时变参数的系统称为时变系统，而模型描述中全部参数均与时间无关的系统称为定常系统。对于定常系统和时变系统，又都有确定和不确定之分，凡模型完全确定、参数已知的系统称为确定性系统，而模型描述中含有未知因素的系统称为不确定系统。

广义系统理论的研究迄今有几十年的历史，已取得了极大的发展，并逐渐形成一个内容丰富的理论体系，已成为现代控制理论的一个重要组成部分。追踪广义系统理论的研究现状可以看出，广义系统理论研究朝以下几个方面发展。

① 复杂的广义大系统控制。工程实际情况通常是复杂的，由此产生的广义系统控制问题也不能不考虑其复杂因素的影响，如时变性、不确定性、时滞性和分散性等。另外，非线性广义系统更是复杂和困难的。在广义系统的基本理论日趋成熟的今天，对这些复杂的广义大系统的研究显得尤为重要。

② 易于工程实现的广义系统控制设计。广义系统模型来源于工程实际，所以广义系统理论的研究最终也要为实际应用服务。因此，一种好的设计方法应该易于工程实现，即能够提供一个利用现有的软件所实现的计算机仿真实验。

③ 广义系统控制软件的编程。控制工程研究的各种设计方法的实现都离不开计算机的帮助，编制通用的广义系统控制软件是非常必要的，它对广义系统理论的发展必将起着积极的推动作用。

④ 广义系统的应用。发掘广义系统的实际应用背景，将广义系统理论用于解决工程实际问题，从而实现广义系统的应用，才能真正体现广义系统的价值。

总之，作为一个新兴的研究领域，广义系统理论仍处于不断完善、不断发展之中。以它广泛的工程背景，相信无论从理论本身，还是在工程实际中的应用，都将取得更加辉煌的成果。

广义系统的稳定性理论较正常系统的更为复杂。广义系统的解既包含正常系统的指数解，又含有脉冲解，后者经常会破坏系统的正常运行。因此，线性时不变广义系统的内部稳定性已不只是通常意义下的渐近稳定，还要求保证正则性、无脉冲，这种稳定性称为容许性。

对于稳定性的研究，无论是从正常控制系统到广义控制系统，还是从连续广义系统到离散广义系统，Lyapunov 函数、Lyapunov 方程或Lyapunov不等式都起到了举足轻重的作用。有许多关于系统稳定性的判据都是通过Lyapunov方法得到的。切换系统中同样用到Lyapunov方法。

1.4 切换广义系统概述

1.4.1 线性切换广义系统概述

在过去的几十年里，由于广义系统在大系统、奇异扰动理论，尤其在受限的机械系统中有着广泛的应用，从而吸引了众多科学工作者的关注，主要是研究广义系统的稳定性、正则性、脉冲、可观测性和可控性等。同时，也有许多关于系统稳定性的问题被广泛地研究。另一方面，线性切换系统也在最近几年得到了广泛的研究，许多关于这类系统的稳定性与设计、可控性与可观测性的结果被建立了。但是，很多的实际系统，如经济系统、生物系统、生理系统等，既是广义系统又是切换系统，称这类系统为线性奇异切换系统，即子系统均为广义系统的切换系统。目前对这类系统的研究甚少。

目前研究的切换系统，其子系统都是正常的线性或非线性系统，而关于切换广义系统的研究却不多见。文献［131］给出了一类切换线性广义系统容许的控制器的设计方法。文献［132］研究了切换线性广义系统的能达性问题，并得到了切换线性广义系统能达的必要条件。文献［133］研究了一类切换线性广义系统在任意切换律下的稳定性。

1.4.2 线性切换广义系统的稳定性

切换广义系统是有着广泛应用背景的动力系统，稳定性是它的重要特性。当单一的反馈控制无法使系统渐近稳定时，可通过切换技术使系统渐近稳定。由于切换广义系统在改善系统性能方面的作用以及它能满足智能控制的飞速发展，因此对这一类系统稳定性的研究是必要的。

切换系统的稳定性分析是研究得最为集中的问题。它有不同于连续时间系统或离散时间系统的特殊性质，切换规则的选择对切换系统的稳定性有重要作用。假设一个切换系统有有限个子系统供切换，即使每个子系统是不稳定的，但通过选择适当的切换函数可以使整个切换系统稳定，反之亦然。因此，与通常的连续系统和离散系统相比，切换系统具有一定的特殊性，这些特性增加了对切换系统分析的难度。

切换系统是混合动态系统中一类重要的模型。切换型混合动态系统是按离散事件机制选择连续变量部分模型的一类混合动态系统，切换机制可有不同的形式，切换前后系统服从不同的微分方程或差分方程，但状态始终为连续的。它存在于很多实际系统中，如无线电通信、高速公路控制、电脑磁盘驱动器、汽车转向系统及机器人控制系统等。这些系统的特点是只允许在有限个模型中进行切换，以实现控制的目的。

稳定性分析是控制理论的重要内容。对于离散事件系统，文献［1］和［2］介绍了离散事件系统的逻辑模型和一些相关概念，并将传统的Lyapunov稳定性理论应用于离散事件系统以研究其稳定性。在此基础上，文献［3］和［4］讨论了含有这种离散事件模型的混合系统的稳定性。

切换控制函数是常用的描述离散事件演变的工具。切换系统是一类重要的有很强的应用背景且研究较深入的混合系统。

1.5 本书研究的主要内容

第1章为绪论，介绍切换广义系统的国内外研究现状、切换广义系统研究中存在的主要问题以及本书研究的内容。

第2章为基本概念及理论，介绍广义系统、切换系统、切换广义系统的基本概念、理论、符号说明。

第3章为切换广义系统稳定性分析，综述了连续切换广义系统关于稳定性的理论，研究了离散广义系统的稳定性问题。考虑到公共Lyapunov函数不易求出的问题，在第3.3节中利用多Lyapunov函数方法研究了离散切换广义系统的稳定性问题，将离散切换系统的判据推广到离散切换广义系统，得到了在任意切换下系统稳定的充分条件，并且给出了建立多Lyapunov函数的方法。最后，用两个例子说明了所提出的结论的有效性。

第4章为切换广义系统的随机控制，研究了切换广义系统的一类随机控制器，从而使得闭环系统随机稳定。对于切换广义系统，切换性质和奇异矩阵的存在，导致切换矩阵与共同控制器的强耦合，这使得设计控制器非常复杂。为了解决这个问题，利用严格的线性矩阵不等式给出了一类随机控制器存在的充分条件。与传统的共同控制器和变控制器相比，这类控制器更容易实现，并且利用实例说明了它的优越性。

第5章为切换广义系统的混杂控制，讨论了一类离散切换广义系统的稳定性和混杂切换律的设计问题，给出了系统渐近稳定的充分条件和状态反馈控制器的设计方法，将正常切换系统的多Lyapunov 函数方法推广到离散切换广义系统。算例仿真表明所提出的方法的有效性。

第6章为结论与展望，总结本书研究的主要内容和主要贡献，展望未来的研究方向。

第2章　基本概念及理论

本章主要介绍书中用到的系统稳定性的一些基本概念、引理和符号。

系统的稳定性，就是系统在受到小的外界扰动后，被调量与规定量之间偏差值的过渡过程的收敛性。稳定性是系统的一个动态属性。在实际控制系统中，不稳定的系统需要设计控制器镇定系统，进而研究其综合与设计问题。稳定性分为渐近稳定、指数稳定；针对随机系统，有随机稳定、均方稳定、均方指数稳定；针对鲁棒系统，有鲁棒稳定。俄国数学家李雅普诺夫（Lyapunov）提出了著名的李雅普诺夫方法，给出Lyapunov意义下的稳定性的定义和判据。李雅普诺夫方法有效地适用于线性和非线性、时变与时不变控制系统，适用于网络控制系统。李雅普诺夫第一方法利用微分方程求解，根据状态方程解的性质判断系统的稳定性，也称为间接法。李雅普诺夫第二方法不需要求出微分方程的解，构造Lyapunov函数，通过Lyapunov函数的导数或差分确定系统的稳定性。第二方法也称为直接法。尽管构造Lyapunov函数需要相当的经验和技巧，然而针对复杂的系统，如时滞系统、非线性系统以及广义系统，李雅普诺夫第二方法能够解决稳定性问题。

定理2.1　李雅普诺夫第一方法（间接法）

对于线性定常连续系统

$$\dot{\boldsymbol{x}}(t)=\boldsymbol{A}\boldsymbol{x}(t) \tag{2.1}$$

渐近稳定的充要条件是状态矩阵$\boldsymbol{A}$的特征值均具有负实部，即$\mathrm{Re}(\lambda_i)<0$（$i=1, 2, \cdots, n$）。

对于线性定常离散系统

$$\boldsymbol{x}_{k+1}=\boldsymbol{A}\boldsymbol{x}_k \tag{2.2}$$

渐近稳定的充要条件是状态矩阵$\boldsymbol{A}$的特征值$|\lambda_i|<1$（$i=1, 2, \cdots, n$）。

定义2.1　对于系统（2.1），若存在Lyapunov函数$V(\boldsymbol{x}, t)$满足条件：

① $V(\boldsymbol{x}, t)$是正定的，

② $\dot{V}(\boldsymbol{x}, t)$是负定的，

则称系统在原点处是渐近稳定的。

定义2.2　对于系统（2.2），若存在Lyapunov函数$V(\boldsymbol{x}(k))$满足条件：

① $V(\boldsymbol{x}(k))$ 是正定的，

② $\Delta V(\boldsymbol{x}(k))$ 是负定的，

则称系统在原点处是渐近稳定的。

2.1 切换系统的稳定性

研究切换系统稳定性问题的一种有效的方法是Lyapunov方法。此外，还有利用李代数和向量投影定理来研究切换系统的指数稳定性。A. S. Morse和J. P. Hespanha引入平均停留时间的概念，得到了在稳定的线性系统之间进行平均意义上的慢切换，就能保证切换系统的稳定性。这从能量衰减的角度更容易理解：只要在每一个稳定子系统上停留所需的时间，其能量得到一定程度的减少，就能保证能量不断减少这样一个整体趋势。LMI方法、凸组合技术和线性化技术的应用，为切换系统的研究提供了新的工具。1996年，E. Skafidas等首次提出完备性的概念，并以此研究切换系统的二次稳定性。

2.1.1 公共Lyapunov函数与切换系统的稳定性

类似于一般系统，对于切换系统（2.1）对应的自治系统，若所有的子系统

$$\dot{\boldsymbol{x}}=\boldsymbol{f}_p(\boldsymbol{x})\quad(\forall p\in Q)\tag{2.3}$$

有一个公共Lyapunov函数，则系统（2.3）对任意切换信号是渐近稳定的。

考虑自治线性切换系统

$$\dot{\boldsymbol{x}}=\boldsymbol{A}_p(\boldsymbol{x})\boldsymbol{x}(t)\quad(\forall p\in Q)\tag{2.4}$$

若系统（2.4）的所有子系统有一个公共二次型Lyapunov函数，则线性系统（2.4）是全局一致指数稳定的，即有如下定理。

定理2.2 对于系统（2.4），若存在两正定对称矩阵$\boldsymbol{P}$，$\boldsymbol{W}$满足

$$\boldsymbol{A}_p^{\mathrm{T}}\boldsymbol{P}+\boldsymbol{P}\boldsymbol{A}_p<-\boldsymbol{W}\quad(\forall p\in Q)\tag{2.5}$$

则存在正数μ，使系统（2.4）的解在任意初值条件$\boldsymbol{x}(0)$和任意切换信号σ满足

$$\|\boldsymbol{x}(t)\|\leqslant \mathrm{e}^{-\mu t}\|\boldsymbol{x}(0)\|\quad(\forall t>0)\tag{2.6}$$

定理2.2的条件可通过求解关于$\boldsymbol{P}$的线性矩阵不等式得到，并可用凸优化方法来处理。当每个子系统都稳定，而且$\forall p\in Q$，$\boldsymbol{A}_p$之间存在交换关系时，系统（2.4）对任意切换信号σ是一致渐近稳定的。

下面给出矩阵之间满足交换关系时，切换系统的一个公共二次型Lyapunov

函数的求法。

定理2.3　设$\boldsymbol{P}_1$，$\boldsymbol{P}_2$，…，$\boldsymbol{P}_m$是唯一满足如下Lyapunov方程的对称正定矩阵：

$$\boldsymbol{A}_1^{\mathrm{T}}\boldsymbol{P}_1+\boldsymbol{P}_1\boldsymbol{A}_1=-\boldsymbol{I} \tag{2.7}$$

$$\boldsymbol{A}_i^{\mathrm{T}}\boldsymbol{P}_i+\boldsymbol{P}_i\boldsymbol{A}_i=-\boldsymbol{P}_{i-1}\quad(i=2,\ \cdots,\ m) \tag{2.8}$$

则函数$v(\boldsymbol{x})=\boldsymbol{x}^{\mathrm{T}}\boldsymbol{P}_m\boldsymbol{x}$是系统$\dot{\boldsymbol{x}}=\boldsymbol{A}_i\boldsymbol{x}$（$i=1,\ 2,\ \cdots,\ m$）的一个公共Lyapunov函数。$\boldsymbol{P}_m$由下式给出：

$$\boldsymbol{P}_m=\int_0^{+\infty}\mathrm{e}^{\boldsymbol{A}_m^{\mathrm{T}}t_m}\cdots\left(\int_0^{+\infty}\mathrm{e}^{\boldsymbol{A}_1^{\mathrm{T}}t_1}\mathrm{e}^{\boldsymbol{A}_1t_1}\mathrm{d}t_1\right)\cdots\mathrm{e}^{\boldsymbol{A}_mt_m}\mathrm{d}t_m \tag{2.9}$$

对于只有两个子系统的线性切换系统，可得如下推论。

推论2.1　由两个稳定的自治系统$\{\boldsymbol{A}_1,\ \boldsymbol{A}_2\}$构成的切换系统，$\boldsymbol{A}_1$，$\boldsymbol{A}_2$满足

$$\boldsymbol{A}_1\boldsymbol{A}_2=\boldsymbol{A}_2\boldsymbol{A}_1 \tag{2.10}$$

则切换系统对任意切换信号都是指数稳定的，且给定正定矩阵$\boldsymbol{P}_0$，使$\boldsymbol{P}_1$，$\boldsymbol{P}_2$是下述Lyapunov方程的唯一对称正定解：

$$\boldsymbol{A}_1^{\mathrm{T}}\boldsymbol{P}_1+\boldsymbol{P}_1\boldsymbol{A}_1=-\boldsymbol{P}_0 \tag{2.11}$$

$$\boldsymbol{A}_2^{\mathrm{T}}\boldsymbol{P}_2+\boldsymbol{P}_2\boldsymbol{A}_2=-\boldsymbol{P}_1 \tag{2.12}$$

显然，对于特定的切换控制信号而言，公共Lyapunov函数的存在性对于切换系统来说是苛刻的，于是便产生了切换系统稳定性的第二个问题。在此总假设子系统之间的切换时间间隔大于某一个常数，这不但能简化理论分析，而且有实际意义。

大量事实和仿真例子表明，公共Lyapunov函数的存在只是切换系统稳定的充分条件，而多Lyapunov函数是分析混合系统稳定性的一个有效工具。

2.1.2　多Lyapunov函数与切换系统的稳定性

研究切换系统稳定性问题的一种最有效的方法是多Lyapunov方法，即使每一个子系统在某一区域内找到各自的Lyapunov函数，提供一个充分条件，按照这个条件切换使系统稳定。

考虑如下系统：

$$\dot{\boldsymbol{x}}(t)=\boldsymbol{f}_i(\boldsymbol{x},t)\quad(\forall i\in I=\{1,2,\cdots,m\}) \tag{2.13}$$

对于系统（2.13），通常假设各子系统的平衡点在$\boldsymbol{x}=\boldsymbol{0}$且仅考虑切换序列从$t_0=0$开始的情况，即切换序列如下：

$$\sigma(\boldsymbol{x}_0)=\{(0,\ i_0),\ (t_0,\ (i_0,\ i_1)),\ \cdots,\ (t_k,\ (i_{k-1},\ i_k)),\ \cdots\} \tag{2.14}$$

讨论的问题是对切换系统（2.13），有一个切换法则s产生切换序列

(2.14)，判断这个切换法则是否能使切换系统在原点 $\boldsymbol{x}=\mathbf{0}$ 平衡。

在切换系统稳定性研究中，多Lyapunov函数方法是一种适应性很强的方法，它给每一个子系统找到适当的Lyapunov函数，并且通过给切换序列强加限定条件来保证系统稳定。图2.1描绘了两个子系统时，切换系统的Lyapunov函数交替运行的情形。图2.1中，实线表示活跃的子系统，虚线表示不运行的子系统。

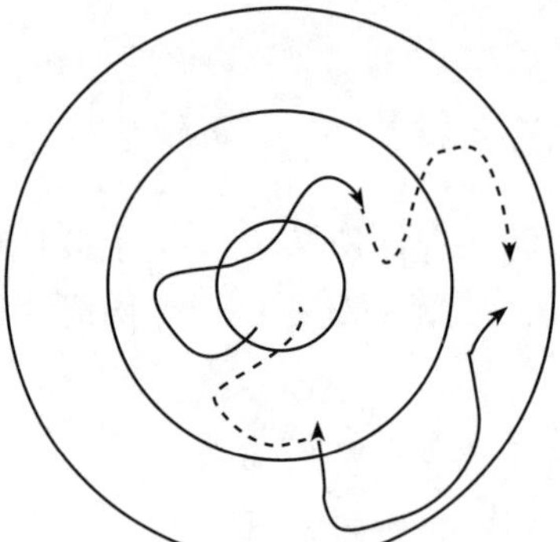

（a）

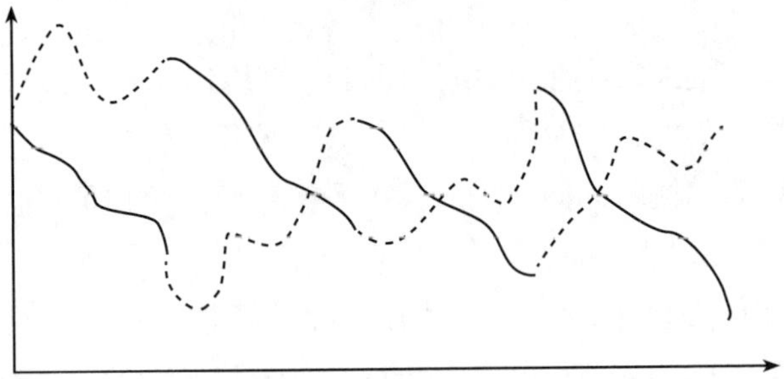

（b）

图2.1　多Lyapunov函数的稳定性

下面介绍几个利用多Lyapunov函数方法分析切换系统稳定性的重要定理，大部分定理都要用到Lyapunov-like函数的定义。

定义2.3（Lyapunov-like函数）给定 $\mathbf{R}$ 中严格增长的时间序列 T，称径向无界的函数 $v(\boldsymbol{x})$ 对向量场 $\boldsymbol{f}$ 及轨迹 $\boldsymbol{x}(\cdot)$ 为Lyapunov-like函数，如果如下两个条件成立：

① $v(\boldsymbol{x})$ 是一个正定函数且有 $v(\mathbf{0})=0$；

② $\dot{v}(\boldsymbol{x})=\dfrac{\partial v(\boldsymbol{x})}{\partial \boldsymbol{x}}\cdot\dfrac{\mathrm{d}\boldsymbol{x}}{\mathrm{d}t}\leqslant 0$ 。

下面的定理通过多Lyapunov函数方法给出了线性切换系统 $\dot{\boldsymbol{x}}=\boldsymbol{A}_i\boldsymbol{x}$ 渐近稳定的充分条件。

定理2.4　系统(2.3)的每一个子系统都是渐近稳定的，即有各自的Lyapunov函数$\{v_p, \forall p \in P\}$，设存在常数$\rho > 0$，对任意两切换时刻t_i，$t_j(i<j)$，$\sigma(t_i)=\sigma(t_j)$，若有

$$v_{\sigma(t_{j+1})}\big(x(t_{j+1})\big) - v_{\sigma(t_{i+1})}\big(x(t_{i+1})\big) \leqslant -\rho \big|x(t_{i+1})\big|^2 \tag{2.15}$$

则切换系统(2.3)是全局渐近稳定的。

定理2.4提供了判断切换是否使系统(2.3)稳定的方法。

定理2.5　假设对每一个子系统$\boldsymbol{A}_i\boldsymbol{x}$都存在Lyapunov-like函数$v_i(\boldsymbol{x})$($i\in I=\{1, 2, \cdots, m\}$)，且当$\|\boldsymbol{x}\|_2 \to \infty$时，$v_i(\boldsymbol{x}) \to \infty$。若存在一个常数$r>0$，对每一个切换序列

$$\sigma(\boldsymbol{x}_0)=\Big\{(0, i_0), \big(t_0, (i_0, i_1)\big), \cdots, \big(t_k, (i_{k-1}, i_k)\big), \cdots\Big\} \tag{2.16}$$

及相应的状态轨迹$\boldsymbol{x}(\cdot)$都满足条件

$$v_{i_{k_2}}\big(\boldsymbol{x}(t_{k_2+1})\big) - v_{i_{k_1}}\big(\boldsymbol{x}(t_{k_1+1})\big) \leqslant -r\big\|\boldsymbol{x}(t_{k_1+1})\big\|_2^2 \tag{2.17}$$

其中，t_{k_1}，t_{k_2}是切换瞬间（$k_2>k_1$，$i_{k_1}=i_{k_2}$），则切换系统是全局渐近稳定的。

图2.2描绘了定理2.5中Lyapunov-like函数的演化，反映了切换法则对切换序列的限制。

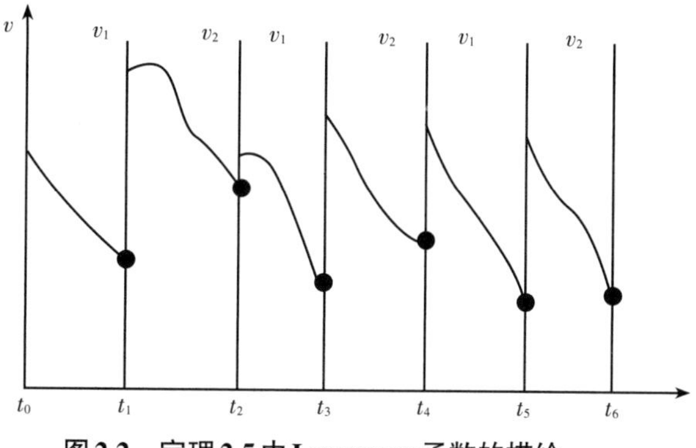

图2.2　定理2.5中Lyapunov函数的描绘

下面的定理将定理2.5推广到一般的非线性切换系统$\dot{\boldsymbol{x}}(t)=\boldsymbol{f}_i(\boldsymbol{x}, t)$，并得到Lyapunov稳定的充分条件。

定理2.6　假设对每一个子系统$\boldsymbol{f}_i(\boldsymbol{x}, t)$都存在Lyapunov-like函数$v_i(\boldsymbol{x})$，对每一个切换序列及相应的状态轨迹$\boldsymbol{x}(\cdot)$都满足条件

$$v_i\Big(\boldsymbol{x}\big(t_{j_{k+1}^i}\big)\Big) \leqslant v_i\Big(\boldsymbol{x}\big(t_{j_k^i}\big)\Big) \tag{2.18}$$

其中，$t_{j_k^i}$，$t_{j_{k+1}^i}$代表第i个子系统相邻两次切换入的瞬间，则切换系统是Lyapunov稳定的。

图2.3描绘了定理2.6中Lyapunov-like函数的演化，反映了切换法则对切换序列的限制。

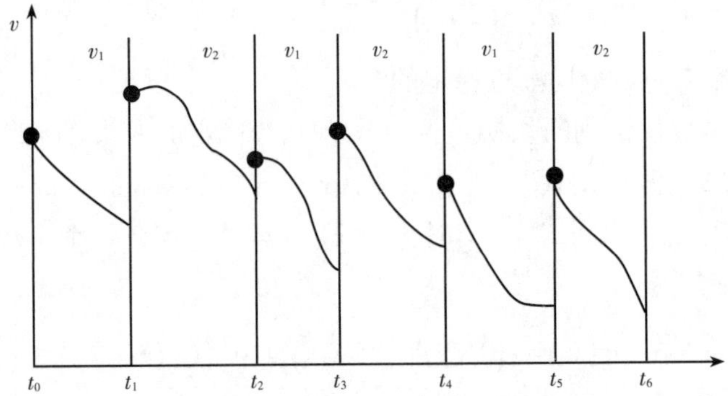

图2.3 定理2.6中Lyapunov-like函数的描绘

文献[34]和[35]通过定义weak Lyapunov-like函数得到了更一般的结果，允许在每一个子系统活跃的时间区域内v_i不必是单调非增的函数，将定义2.3中的②修改为

$$v(\boldsymbol{x}(t)) \leqslant h\left(v\left(\boldsymbol{x}\left(t_j\right)\right)\right) \quad \left(t \in \left[t_j,\ t_{j+1}\right)\right) \tag{2.19}$$

就得到了weak Lyapunov-like函数，其中，$h \in C\left(\mathbf{R}^+, \mathbf{R}^+\right)$且满足$h(0)=0$，$\left[t_j,\ t_{j+1}\right)$表示子系统活跃的某个时间区域。如图2.9所示，利用weak Lyapunov-like函数定义使定理2.6适用的系统更加广泛。

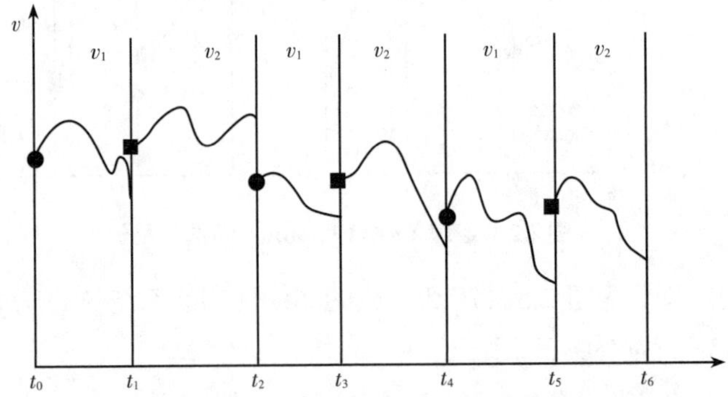

图2.4 weak Lyapunov-like函数的描绘

2.2　广义系统的稳定性

广义系统的研究始于20世纪70年代，80年代以来，广义系统的研究进入一个蓬勃发展的阶段，特别是关于广义系统稳定性的研究，取得了许多重要的成果。其中的很多结论都是由正常系统中的结论推广而得到的。按照系统设计中的不同要求，有不同的稳定性的概念，如输入-输出稳定性、绝对稳定性和Lyapunov稳定性等。本节主要讨论Lyapunov意义下的稳定性。

2.2.1　Lyapunov稳定性的基本概念

在研究稳定性的问题时，常限于研究没有指定输出作用的系统，通常称这类系统为自治系统。考虑如下自治系统：

$$\dot{\boldsymbol{x}}=\boldsymbol{f}(\boldsymbol{x},t)\quad \left(t\geqslant t_0,\boldsymbol{x}(t_0)=\boldsymbol{x}_0\right) \tag{2.20}$$

其中，$\boldsymbol{x}$为n维状态向量，$\boldsymbol{f}(\cdot,\cdot)$为$n$维向量函数。若系统是时不变的，则式（2.20）中的$\boldsymbol{f}(\cdot,\cdot)$为$\boldsymbol{x}$的向量线性函数。

若系统（2.20）中对于所有的t总存在着

$$\boldsymbol{f}(\boldsymbol{x}_e,t)=\boldsymbol{0} \tag{2.21}$$

则$\boldsymbol{x}_e$为系统的平衡状态。

定义2.4　如果对给定的任一实数$\varepsilon>0$，都对应存在一个实数$\delta(\varepsilon,t_0)>0$，使得满足下列不等式

$$\left\|\boldsymbol{X}_0-\boldsymbol{X}_e\right\|\leqslant\delta(\varepsilon,t_0)\quad(t\geqslant t_0) \tag{2.22}$$

的给定的任一初态$\boldsymbol{X}_0$出发的受扰运动都满足不等式

$$\left\|\boldsymbol{\Phi}(t;\boldsymbol{X}_0,t_0)-\boldsymbol{X}_e\right\|\leqslant\varepsilon\quad(t\geqslant t_0) \tag{2.23}$$

则称$\boldsymbol{X}_e$为在Lyapunov意义下是稳定的。

由此可见，当在n维状态空间中指定一个以原点为球心、任意给定的正实数ε为半径的一个超球域$S(\varepsilon)$时，若存在另一个与之对应的以$\boldsymbol{X}_e$为球心、$\delta(\varepsilon,t_0)$为半径的超球域$S(\delta)$，如果由$S(\delta)$中的任一点出发的运动轨线$\boldsymbol{\Phi}(t;\boldsymbol{X}_0,t_0)$对于所有的$t\geqslant t_0$都不超出球域$S(\varepsilon)$，那么就称原点的平衡状态$\boldsymbol{X}_e$是Lyapunov意义下稳定的。

定义2.5　如果平衡状态$\boldsymbol{X}_e$是Lyapunov意义下稳定的，并且对$\delta(\varepsilon,t_0)$和任意给定的实数$\mu>0$，对应地存在实数$T(\mu,\delta,t_0)>0$，使得由满足不等式（2.22）的任一初态$\boldsymbol{X}_0$出发的受扰运动都满足不等式

$$\left\|\Phi(t;X_0,t_0)-X_e\right\|\leqslant\mu\quad\left(\forall t\geqslant t_0+T(\mu,\delta,t_0)\right)\tag{2.24}$$

那么称平衡状态X_e是渐近稳定的。

定义 2.6 当$\mu\to 0$时，有$T\to\infty$，因此，当原点的平衡状态X_e为渐近稳定时，式子

$$\lim_{t\to\infty}\Phi(t;X_0,t_0)=0\quad\left(\forall X_0\in S(\delta)\right)\tag{2.25}$$

必成立。若实数δ和T的大小都不依赖于初始时刻t_0，则称平衡状态X_e是一致渐近稳定的。

考虑如下正则的连续广义系统：

$$E\dot{x}(t)=Ax(t)\tag{2.26}$$

其中，$x(t)\in\mathbf{R}^n$为系统的n维状态向量；E, $A\in\mathbf{R}^{n\times n}$为定常矩阵；$E$为奇异矩阵，满足$\operatorname{rank}(E)=r<n$，且假定$\deg\det(sE-A)=r$。

定义 2.7 如果对于任意的允许初态$x(0)\in\mathbf{R}^n$，存在实数α，$\beta>0$，使得$t>0$时，广义系统（2.26）满足

$$\|x(t)\|_2\leqslant\alpha e^{-\beta t}\|x(0)\|_2$$

则称广义系统（2.26）是（渐近）稳定的，或称（E, A）是稳定的。

定义 2.8 对于连续广义系统（2.26），若

$$\det(s_0E-A)\neq 0$$

则称广义系统（2.26）是正则的。

定义 2.9 对于连续广义系统（2.26），若

$$\deg\det(sE-A)=\operatorname{rank}(E)$$

则称广义系统（2.26）无脉冲。

定义 2.10 若广义系统（2.26）稳定且无脉冲，则称广义系统（2.26）是容许的，或称（E, A）是容许的。

考虑如下离散广义系统：

$$E\dot{x}(k+1)=Ax(k)+Bu(k)\tag{2.27}$$

$$y(k)=Cx(k)\tag{2.28}$$

其中，$x(k)$为系统的状态，E，$A\in\mathbf{R}^{n\times n}$，$B\in\mathbf{R}^{n\times m}$，$C\in\mathbf{R}^{r\times n}$皆为定常矩阵；$E$为奇异矩阵，且满足$\operatorname{rank}(E)=q<n$。

定义 2.11 对于离散广义系统（2.27），若

$$\deg\det(zE-A)=\operatorname{rank}(E)$$

则称离散广义系统（2.27）是因果的；否则，称为非因果的。

定义 2.12 若离散广义系统（2.27）的状态响应对于任何允许初始条件

$\boldsymbol{x}(0)\in\mathbf{R}^n$满足

$$\|\boldsymbol{x}(k)\|\leqslant\alpha\beta^k\|\boldsymbol{x}(0)\| \quad (k=0, 1, \cdots, \alpha;\ 0<\beta<1)$$

则称离散广义系统（2.27）是稳定的。

定义 2.13　若离散广义系统（2.27）是因果且稳定的，则称离散广义系统（2.27）是容许的。

2.2.2　Lyapunov 函数及 Lyapunov 方程

Lyapunov 方法在系统稳定性问题的研究中起到至关重要的作用。系统的稳定性可以由 Lyapunov 第一方法和第二方法来判定。Lyapunov 第一方法是解出系统的状态方程，然后根据状态方程的解的性质判别系统的稳定性，又称间接法。这一方法在非线性系统中尤为适用。如果不求解系统的状态方程，对其在平衡点处的稳定性进行分析和作出判断就要用到 Lyapunov 第二方法，又称直接法。此方法中通常需要构造一个广义能量函数，再通过这一函数的性质来判定这个系统在平衡状态的稳定性。

广义系统的稳定性理论较正常系统的更为复杂。广义系统的解既包含如正常系统的指数解，又含有脉冲解，后者经常会破坏系统的正常运行。同正常系统一样，在广义系统的稳定性的研究中，Lyapunov 方法也起到了重要作用。由于广义系统更具有复杂性，因此在广义系统中利用 Lyapunov 方法即构造 Lyapunov 函数得到 Lyapunov 方程或不等式的形式也就多样化，而且得到越来越多的应用与研究，成为广义系统研究中的热门课题。

（1）Lyapunov 函数

对于一个振动系统，如果它的总能量随着时间向前推移而不断减少，也就是说，若其总能量对时间的导数为非正的，则振动将逐渐衰减，而当此总能量达到最小值时，振动将会稳定下来，或者完全消失。Lyapunov 第二方法就是建立在这样的一个直观又普遍的情况之上的。即如果系统有一个渐近稳定的平衡状态，那么当它转移到该平衡状态的邻域内时，系统所具有的能量随着时间的增加而逐渐减少，直到在平衡状态达到最小值。然而就一般系统而言，未必一定能得到一个“能量函数”，对此，Lyapunov 引入了一个虚构的广义能量函数来判别系统平衡状态的稳定性。这个虚构的广义能量函数被称为 Lyapunov 函数，记为 $v(\boldsymbol{x}, t)$。这样，对于一个给定的系统，只要能构造出一个正定的标量函数，并且若该函数对时间的导数为负定的，则这个系统在平衡状态处就是渐近稳定的。

考虑状态方程

$$\dot{\boldsymbol{x}}=\boldsymbol{f}(\boldsymbol{x},t)\quad \left(\boldsymbol{f}(\boldsymbol{0},t)=\boldsymbol{0}\right) \tag{2.29}$$

定理 2.7 对于系统（2.29），如果存在一个具有连续偏导数的标量函数 $v(\boldsymbol{x},t)$，并且满足条件：

① $v(\boldsymbol{x},t)$ 是正定的，

② $\dot{v}(\boldsymbol{x},t)$ 是负定的，

那么系统（2.29）在原点处的平衡状态是一致渐近稳定的。若随着 $\|\boldsymbol{x}\|\to\infty$，有 $v(\boldsymbol{x},t)\to\infty$，则在原点处的平衡状态是大范围一致渐近稳定的。

类似地，如果 $v(\boldsymbol{x},t)$ 是正定的，而 $\dot{v}(\boldsymbol{x},t)$ 是半负定的，那么系统（2.29）在原点处的平衡状态是一致稳定的。如果存在一个具有连续偏导数的标量函数 $w(\boldsymbol{x},t)$ 在原点的某一邻域内是正定的，$\dot{w}(\boldsymbol{x},t)$ 在同样的邻域中是正定的，那么系统（2.29）在原点处的平衡状态是不稳定的。

虽然 Lyapunov 函数一直为人们所重视，但就一般而论，还没有一种简便地寻求 Lyapunov 函数的方法，从而需要寻求新的方法——利用矩阵方程求解来判断系统的稳定性。

在广义系统中，同样要构造 Lyapunov 函数，也要通过矩阵方程有解来说明系统稳定。

由于广义系统比正常系统复杂，通常含有脉冲行为（离散的情形含有因果行为），导致了构造 Lyapunov 函数的多样性，由此有如下不同形式的 Lyapunov 函数，用于判断广义系统的稳定性：

① $v=\boldsymbol{x}^{\mathrm{T}}\boldsymbol{E}^{\mathrm{T}}\boldsymbol{V}\boldsymbol{x}$，其中，$\boldsymbol{E}^{\mathrm{T}}\boldsymbol{V}=\boldsymbol{V}^{\mathrm{T}}\boldsymbol{E}\geqslant 0$；

② $v=\boldsymbol{x}^{\mathrm{T}}\boldsymbol{E}^{\mathrm{T}}\boldsymbol{V}\boldsymbol{E}\boldsymbol{x}$；

③ $v=\boldsymbol{x}^{\mathrm{T}}(\boldsymbol{E}^{h})^{\mathrm{T}}\boldsymbol{V}\boldsymbol{x}$，其中，$(\boldsymbol{E}^{h})^{\mathrm{T}}\boldsymbol{V}=\boldsymbol{V}^{\mathrm{T}}\boldsymbol{E}^{h}\geqslant 0$；

④ $v=\boldsymbol{x}^{\mathrm{T}}(\boldsymbol{E}^{h})^{\mathrm{T}}\boldsymbol{V}\boldsymbol{E}^{h}\boldsymbol{x}$；

⑤ $v=\boldsymbol{x}^{\mathrm{T}}(\boldsymbol{E}^{h+1})^{\mathrm{T}}\boldsymbol{V}\boldsymbol{E}\boldsymbol{x}$。

以上五种 Lyapunov 函数分别用于处理广义系统的稳定性问题，可以得到对应的 Lyapunov 方程。与正常系统不同的是，这里的矩阵 $\boldsymbol{V}$ 不再要求正定。函数①和③主要针对连续广义系统，函数⑤只用于离散广义系统，而函数②和函数④在这两类系统中均能应用。

定理 2.8 系统（2.26）正则、无脉冲解且渐近稳定的充要条件是：Lyapunov 函数①当 $\boldsymbol{x}\neq\boldsymbol{0}$ 时，$\dfrac{\mathrm{d}v(\boldsymbol{E}\boldsymbol{x})}{\mathrm{d}\boldsymbol{x}}<0$，这里，$\boldsymbol{V}$ 满足 $\boldsymbol{V}\boldsymbol{E}=\boldsymbol{E}^{\mathrm{T}}\boldsymbol{V}\geqslant 0$，$\operatorname{rank}(\boldsymbol{E}^{\mathrm{T}}\boldsymbol{V})=\operatorname{rank}\boldsymbol{E}$。

定理 2.9 离散正则广义系统（2.27）渐近稳定、具有因果性的充要条件

是：当$\boldsymbol{Ex}\neq\boldsymbol{0}$时，Lyapunov函数②满足

$$\Delta v\big(\boldsymbol{Ex}(t)\big)=v\big(\boldsymbol{Ex}(t+1)\big)-v\big(\boldsymbol{Ex}(t)\big)<0$$

这里的$\boldsymbol{V}\geqslant 0$满足$\mathrm{rank}(\boldsymbol{E}^{\mathrm{T}}\boldsymbol{VE})=r$且唯一。

定理2.10　离散正则广义系统（2.27）渐近稳定、具有因果性的充要条件是：当$\boldsymbol{Ex}\neq\boldsymbol{0}$时，Lyapunov函数②满足

$$\Delta v\big(\boldsymbol{Ex}(t)\big)=v\big(\boldsymbol{Ex}(t+1)\big)-v\big(\boldsymbol{Ex}(t)\big)<0$$

这里的$\boldsymbol{V}$满足$\mathrm{rank}(\boldsymbol{E}^{\mathrm{T}}\boldsymbol{VE})=r$，$\mathrm{rank}(\boldsymbol{E}^{\mathrm{T}}\boldsymbol{A}^{\mathrm{T}})=n$。

（2）Lyapunov方程

由于没有一种简便地寻求Lyapunov函数的方法，因此需要寻求新的方法来判断系统的稳定性。

在正常系统中，利用Lyapunov方法研究稳定性问题主要是构造Lyapunov函数$v=\boldsymbol{x}^{\mathrm{T}}\boldsymbol{Vx}$，其中，$\boldsymbol{V}>0$（或$\Delta v<0$）得Lyapunov方程式（2.31）或式（2.33）。

定理2.11　设正常连续系统的状态方程为

$$\dot{\boldsymbol{x}}=\boldsymbol{Ax} \tag{2.30}$$

其中，$\boldsymbol{x}$为n维状态变量，$\boldsymbol{A}$为$n\times n$常数非奇异矩阵，其在平衡状态$\boldsymbol{x}=\boldsymbol{0}$处大范围渐近稳定的充要条件是：给定一个正定的实对称阵$\boldsymbol{Q}$，存在一个正定的实对称阵$\boldsymbol{P}$，它们满足

$$\boldsymbol{A}^{\mathrm{T}}\boldsymbol{P}+\boldsymbol{P}^{\mathrm{T}}\boldsymbol{A}=-\boldsymbol{Q} \tag{2.31}$$

定理2.12　设正常线性离散时间系统的状态方程为

$$\boldsymbol{x}(k+1)=\boldsymbol{Ax}(k) \tag{2.32}$$

其中，$\boldsymbol{x}$为n维状态变量，$\boldsymbol{A}$为$n\times n$常数非奇异矩阵，原点$\boldsymbol{x}=\boldsymbol{0}$是平衡状态。系统在原点为渐近稳定的充分必要条件是：给定任一正定的实对称阵$\boldsymbol{Q}$，存在一个正定的实对称阵$\boldsymbol{P}$，它们满足

$$\boldsymbol{A}^{\mathrm{T}}\boldsymbol{PA}-\boldsymbol{P}=-\boldsymbol{Q} \tag{2.33}$$

由定理2.11和定理2.12可以看出，在正常系统中利用Lyapunov方程判断系统稳定性的结论比较简单且易于实现。

在广义系统中利用Lyapunov方法研究稳定性问题同样要通过构造Lyapunov函数得到Lyapunov方程或不等式。但由于广义系统比正常系统复杂，通常含有脉冲行为（离散的情形含有因果行为），导致了构造Lyapunov函数的多样性，因此也有多种形式的Lyapunov方程，用于判断广义系统的稳定性。

在连续广义系统中构造Lyapunov函数得到Lyapunov方程可以有如下形式：

当取Lyapunov函数为$v=\boldsymbol{x}^{\mathrm{T}}\boldsymbol{E}^{\mathrm{T}}\boldsymbol{Vx}$时，其中，$\boldsymbol{E}^{\mathrm{T}}\boldsymbol{V}=\boldsymbol{V}^{\mathrm{T}}\boldsymbol{E}\geqslant 0$，可以得Lyapunov 方程及不等式

$$V^{\mathrm{T}}A + A^{\mathrm{T}}V = -W \tag{2.34}$$

当取Lyapunov函数为 $v = x^{\mathrm{T}}E^{\mathrm{T}}VEx$ 时，可以得Lyapunov方程

$$A^{\mathrm{T}}VE + E^{\mathrm{T}}VA = -E^{\mathrm{T}}WE \tag{2.35}$$

当取Lyapunov函数为 $v = x^{\mathrm{T}}(E^h)^{\mathrm{T}}VE^hx$ 时，可以得Lyapunov方程

$$(E^h)^{\mathrm{T}}A^{\mathrm{T}}VE^{h+1} + (E^{h+1})^{\mathrm{T}}VAE^h = -(E^{h+1})^{\mathrm{T}}WE^{h+1} \tag{2.36}$$

当取Lyapunov函数为 $v = x^{\mathrm{T}}(E^h)^{\mathrm{T}}Vx$ 时，其中，$(E^h)^{\mathrm{T}}V = V^{\mathrm{T}}E^h \geqslant 0$，可以得Lyapunov方程

$$A^{\mathrm{T}}(E^h)^{\mathrm{T}}V + V^{\mathrm{T}}E^hA = -(E^h)^{\mathrm{T}}WE^h \tag{2.37}$$

利用上面的方程可以得到广义系统稳定性的有关判据。

在对系统没有进行任何假设的情况下讨论系统的正则、渐近稳定性、无脉冲与方程的等价条件，可以得到如下两个定理，它们的使用范围比较广泛。

定理2.13 系统（2.27）正则、渐近稳定、无脉冲的充要条件是：任给 $W > 0$，存在矩阵 V 使式（2.34）成立。

定理2.14 系统（2.27）正则、渐近稳定、无脉冲的充要条件是：Lyapunov方程（2.35）对于任意给定的 $W > 0$，有满足

$$\mathrm{rank}(E^{\mathrm{T}}VE) = \mathrm{rank}(V) = r$$

的唯一半正定解 V。

这两个定理相比，定理2.13在使用充分性问题上比较灵活，而定理2.14考虑与稳定性相关的问题中使用必要性比较方便。

定理2.15 系统（2.27）正则、无脉冲且渐近稳定的充要条件是：Lyapunov方程（2.34）对于任意给定的矩阵 $W > 0$，存在解 V 满足

$$\mathrm{rank}(E^{\mathrm{T}}V) = \mathrm{rank}(E)$$

定理2.16 正则的系统（2.27）无脉冲且渐近稳定的充要条件是：对于任意给定的对称矩阵 W，满足

$$E^{\mathrm{T}}WE \geqslant 0,\ \mathrm{rank}(E^{\mathrm{T}}WE) = \mathrm{rank}(E) = r$$

时，Lyapunov方程（2.35）有对称解 V 满足

$$E^{\mathrm{T}}VE \geqslant 0,\ \mathrm{rank}(E^{\mathrm{T}}VE) = \mathrm{rank}(E) = r$$

定理2.16与定理2.15所构造的Lyapunov函数是相同的，与之不同的是在判断系统渐近稳定、无脉冲时，定理2.16对 W 增加了限制条件，其解 V 同样有限制。

在实际问题中，广义系统往往会有脉冲行为，下面三个定理都是允许有脉

冲情况的。

定理2.17　正则广义系统（2.27）渐近稳定的充要条件是：对于任意给定的$\boldsymbol{W}\geq 0$，满足

$$\boldsymbol{E}^{\mathrm{T}}\boldsymbol{W}\boldsymbol{E}\geqslant 0,\ \mathrm{rank}\left(\boldsymbol{E}^{\mathrm{T}}\boldsymbol{W}\boldsymbol{E}\right)=\deg\det(s\boldsymbol{E}-\boldsymbol{A})$$

时，Lyapunov方程（2.35）有解$\boldsymbol{V}\geq 0$满足

$$\boldsymbol{E}^{\mathrm{T}}\boldsymbol{V}\boldsymbol{E}\geqslant 0,\ \mathrm{rank}\left(\boldsymbol{E}^{\mathrm{T}}\boldsymbol{V}\boldsymbol{E}\right)=\deg\det(s\boldsymbol{E}-\boldsymbol{A})$$

定理2.18　线性正则广义系统（2.27）渐近稳定的充要条件是：Lyapunov方程（2.36）对于任意给定的$\boldsymbol{W}>0$，有正惯性指数r的解$\boldsymbol{V}\geq 0$。其中，$\boldsymbol{EA}=\boldsymbol{AE}$，$s\boldsymbol{E}-\boldsymbol{A}=\boldsymbol{I}$，$h$为幂零指数。

定理2.19　正则广义系统（2.27）渐近稳定的充要条件是：任给$\boldsymbol{W}>0$，Lyapunov方程（2.37）及$\left(\boldsymbol{E}^{h+1}\right)\boldsymbol{A}=\boldsymbol{V}^{\mathrm{T}}\boldsymbol{E}^{h+1}\geqslant 0$存在解$\boldsymbol{V}$满足

$$\mathrm{rank}\left(\boldsymbol{E}^{h+1}\right)^{\mathrm{T}}\boldsymbol{V}=\deg\det(s\boldsymbol{E}-\boldsymbol{A})=\mathrm{rank}\left(\boldsymbol{E}^{h+1}\right)$$

定理2.18与定理2.19比定理2.17的假设条件多，形式复杂，但使用上易于求解。与定理2.16相比，定理2.17的条件更加宽松，而当系统无脉冲时，这两个定理是一致的。

离散广义系统的稳定性也是通过构造Lyapunov函数得到Lyapunov方程或不等式来加以判断的。其中，许多判据是由正常系统或连续广义系统的判据推广而来的。

在离散广义系统中，构造Lyapunov函数得到Lyapunov方程可以有如下形式：

当Lyapunov函数为$v=\boldsymbol{x}^{\mathrm{T}}\boldsymbol{E}^{\mathrm{T}}\boldsymbol{V}\boldsymbol{E}\boldsymbol{x}$时，可以得Lyapunov方程

$$\boldsymbol{A}^{\mathrm{T}}\boldsymbol{V}\boldsymbol{A}-\boldsymbol{E}^{\mathrm{T}}\boldsymbol{V}\boldsymbol{E}=-\boldsymbol{E}^{\mathrm{T}}\boldsymbol{W}\boldsymbol{E} \tag{2.38}$$

当Lyapunov函数为$v=\boldsymbol{x}^{\mathrm{T}}\left(\boldsymbol{E}^{h}\right)^{\mathrm{T}}\boldsymbol{V}\boldsymbol{E}^{h}\boldsymbol{x}$时，可以得Lyapunov方程

$$\left(\boldsymbol{E}^{h}\right)^{\mathrm{T}}\boldsymbol{A}^{\mathrm{T}}\boldsymbol{Q}\boldsymbol{A}\boldsymbol{E}^{h}-\left(\boldsymbol{E}^{h+1}\right)^{\mathrm{T}}\boldsymbol{Q}\boldsymbol{E}^{h+1}=-\left(\boldsymbol{E}^{h+1}\right)^{\mathrm{T}}\boldsymbol{P}\boldsymbol{E}^{h+1} \tag{2.39}$$

当Lyapunov函数为$v=\boldsymbol{x}^{\mathrm{T}}\left(\boldsymbol{E}^{h+1}\right)^{\mathrm{T}}\boldsymbol{V}\boldsymbol{E}\boldsymbol{x}$时，可以得Lyapunov方程

$$\left(\boldsymbol{E}^{h}\right)^{\mathrm{T}}\boldsymbol{A}^{\mathrm{T}}\boldsymbol{V}\boldsymbol{A}-\boldsymbol{E}^{\mathrm{T}}\boldsymbol{V}^{\mathrm{T}}\boldsymbol{E}^{h+1}=-\left(\boldsymbol{E}^{h+1}\right)^{\mathrm{T}}\boldsymbol{W}\boldsymbol{E}^{h+1} \tag{2.40}$$

利用上面的方程可以得到广义系统稳定性的有关判据。

定理2.20　离散正则广义系统（2.28）渐近稳定、具有因果性的充要条件是：对于任意给定的$\boldsymbol{W}>0$，Lyapunov方程（2.38）有满足

$$\mathrm{rank}\left(\boldsymbol{E}^{\mathrm{T}}\boldsymbol{V}\boldsymbol{E}\right)=\mathrm{rank}(\boldsymbol{E})=r$$

的唯一半正定解$\boldsymbol{V}\geq 0$。

定理2.20也是判定系统（2.28）正则、渐近稳定、具有因果性的结论，但它的解的要求却是唯一、半正定的，且满足含有秩的限制条件。

由于离散广义系统通常不具有因果性，因此有如下判据产生以适应这个需要。

定理2.21 离散正则广义系统（2.28）渐近稳定的充要条件是：Lyapunov方程（2.39）对于任意给定的正定矩阵$\boldsymbol{P}$有半正定解$\boldsymbol{Q}$满足

$$\operatorname{rank}\boldsymbol{Q}=\operatorname{rank}\left(\boldsymbol{E}^{h+1}\right)^{\mathrm{T}}\boldsymbol{Q}\boldsymbol{E}^{h+1}=r$$

定理2.22 离散正则广义系统（2.28）渐近稳定的充要条件是：任给$\boldsymbol{W}>0$，Lyapunov方程（2.40）及$\left(\boldsymbol{E}^{h}\right)^{\mathrm{T}}\boldsymbol{V}=\boldsymbol{V}^{\mathrm{T}}\boldsymbol{E}^{h}\geqslant 0$存在解$\boldsymbol{V}$，满足

$$\operatorname{rank}\left(\boldsymbol{E}^{h}\right)^{\mathrm{T}}\boldsymbol{V}=\deg\det\left(z\boldsymbol{E}-\boldsymbol{A}\right)=\operatorname{rank}\left(\boldsymbol{E}^{h}\right)$$

由于上面两个定理对有无因果性没有要求，故应用时较前面的定理要广泛。

在稳定性的问题上，除了用Lyapunov方程，也可利用Lyapunov不等式处理，如下面的定理。

定理2.23 系统（2.27）正则、渐近稳定、无脉冲的充要条件是

$$\left.\begin{aligned}\boldsymbol{V}^{\mathrm{T}}\boldsymbol{A}+\boldsymbol{A}^{\mathrm{T}}\boldsymbol{V}<0\\ \boldsymbol{E}^{\mathrm{T}}\boldsymbol{V}=\boldsymbol{V}^{\mathrm{T}}\boldsymbol{E}\geqslant 0\end{aligned}\right\}\tag{2.41}$$

有解$\boldsymbol{V}$。

定理2.24 离散广义系统（2.28）正则、渐近稳定、具有因果性的充要条件是：存在可逆对称矩阵$\boldsymbol{P}$，使得下面两个不等式成立：

$$\boldsymbol{E}^{\mathrm{T}}\boldsymbol{P}\boldsymbol{E}\geqslant 0\tag{2.42}$$

$$\boldsymbol{A}^{\mathrm{T}}\boldsymbol{P}\boldsymbol{A}-\boldsymbol{E}^{\mathrm{T}}\boldsymbol{P}\boldsymbol{E}<0\tag{2.43}$$

定理2.25 离散广义系统（2.28）正则、渐近稳定、具有因果性的充要条件是：存在矩阵$\boldsymbol{V}$满足下面两个不等式：

$$\boldsymbol{A}^{\mathrm{T}}\boldsymbol{V}\boldsymbol{A}-\boldsymbol{E}^{\mathrm{T}}\boldsymbol{V}\boldsymbol{E}<0\tag{2.44}$$

$$\boldsymbol{E}^{\mathrm{T}}\boldsymbol{V}\boldsymbol{E}\geqslant 0\tag{2.45}$$

当Lyapunov函数取$v=\boldsymbol{x}^{\mathrm{T}}\boldsymbol{E}^{\mathrm{T}}\boldsymbol{V}\boldsymbol{x}$的形式时，即得到上面两个定理中的Lyapunov不等式。它们虽然在形式上相似，但有着本质的区别。定理2.24中存在可逆对称矩阵，而定理2.25却只要求存在矩阵。

2.3 切换广义系统的稳定性

切换广义系统是有着广泛应用背景的动力系统，稳定性是它的重要特性。当单一的反馈控制无法使系统渐近稳定时，可通过切换技术使系统渐近稳定。切换广义系统在改善系统性能方面的作用以及它能满足智能控制的飞速发展，所以对这一类系统稳定性的研究是必要的。本节分析线性切换广义系统的稳

定性。

2.3.1　线性切换连续广义系统

考虑如下线性切换广义系统：

$$\left.\begin{aligned}\boldsymbol{E}_{\sigma(t)}\dot{\boldsymbol{x}}(t)=\boldsymbol{A}_{\sigma(t)}\boldsymbol{x}(t)+\boldsymbol{B}_{\sigma(t)}\boldsymbol{u}(t)\\ \boldsymbol{x}(t_0)=\boldsymbol{x}_0\end{aligned}\right\} \tag{2.46}$$

其中，$\boldsymbol{x}(t)\in\mathbf{R}^n$ 是状态向量，$\sigma(t)\colon\mathbf{R}^+\to\Sigma=\{1,2,\cdots,n\}$ 为分段常值函数；$\boldsymbol{u}_i\in\mathbf{R}^m$ 为控制输入向量；$\boldsymbol{E}_i$，$\boldsymbol{A}_i\in\mathbf{R}^{n\times n}$为定常矩阵，$\boldsymbol{B}_i$为具有适当维数的定常矩阵。$\boldsymbol{E}_i$为奇异阵，即$\mathrm{rank}\boldsymbol{E}_i=q<n$（$i=1,\ 2,\ \cdots,\ m$），$\boldsymbol{x}_0\in D\subset\mathbf{R}^n$为一致初始状态。

定义 2.14　切换序列是一个有限的或无限的二元组的集合，即$\boldsymbol{\pi}=\{(t_0,i_0),(t_1,i_1),\cdots,(t_M,i_M)\}$，其中：正整数$M\leqslant\infty$表示切换序列的长度，当$M<\infty$时称切换序列$\boldsymbol{\pi}$是有穷的；否则称为无穷的。对于任意给定的$k\in(1,2,\cdots)$，$i_k\in\{1,2,\cdots,n\}$为激活子系统的指标。

定义 2.15　对于任意给定的$i\in\{1,2,\cdots,n\}$，$(\boldsymbol{E}_i,\boldsymbol{A}_i)$均正则、无脉冲，则称系统（2.46）是正则的且无脉冲。

定义 2.16　对某一切换序列$\boldsymbol{\pi}=\{(t_0,i_0),(t_1,i_1),\cdots,(t_M,i_M)\}$和一致初始状态$\boldsymbol{x}_0$，若系统（2.46）存在唯一的状态响应$\boldsymbol{x}(t)$，且当$\boldsymbol{x}(t)\in[t_j,t_{j+1})$时，$\boldsymbol{x}(t)$满足

$$\boldsymbol{E}_{i_j}\dot{\boldsymbol{x}}(t)=\boldsymbol{A}_{i_j}\boldsymbol{x}(t)+\boldsymbol{B}_{i_j}\boldsymbol{u}(t)\quad\left(i_j=\sigma(t_j)\right)$$

在切换时刻满足

$$\boldsymbol{x}(t_j)=\boldsymbol{H}_j\boldsymbol{x}(t_j^-)$$

则称$\boldsymbol{x}(t)$是系统（2.46）在切换律$\boldsymbol{\pi}$下的解，记为$\boldsymbol{x}_\pi(t;\boldsymbol{x}_0,t_0)$。其中，$\boldsymbol{H}_j\in\mathbf{R}^{n\times n}$定常矩阵，$j\in\{1,2,\cdots\}$。

当$\boldsymbol{u}_i=\mathbf{0}$时，线性切换广义系统（2.46）为如下的系统：

$$\left.\begin{aligned}\boldsymbol{E}_{\sigma(t)}\dot{\boldsymbol{x}}_{(t)}=\boldsymbol{A}_{\sigma(t)}\boldsymbol{x}(t)\\ \boldsymbol{x}(t_0)=\boldsymbol{x}_0\end{aligned}\right\} \tag{2.47}$$

其中，$\boldsymbol{x}(t)\in\mathbf{R}^n$是状态向量，切换律$\sigma(t)\colon\mathbf{R}^+\to\Sigma=\{1,2,\cdots,n\}$为分段常值函数，$\boldsymbol{u}_i\in\mathbf{R}^{m_i}$为控制输入向量；$\boldsymbol{E}_i,\boldsymbol{A}_i\in\mathbf{R}^{n\times n}$为定常矩阵，$\mathrm{rank}\boldsymbol{E}_i=r<n$（$i=1,2,\cdots,m$），$\boldsymbol{x}_0\in D\subset\mathbf{R}^n$为一致初始状态。

定义 2.17　当$t\to\infty$时，有$\boldsymbol{x}_\pi(t;\boldsymbol{x}_0,t_0)\to 0$，则称系统（2.46）在切换律$\boldsymbol{\pi}$下是渐近稳定的。

由 $\text{rank}\boldsymbol{E}_i = r$ 可知，存在非奇异矩阵 $\boldsymbol{M}$，$\boldsymbol{N}$，使得

$$\boldsymbol{MEN} = \begin{bmatrix} \boldsymbol{I}_r & \boldsymbol{O} \\ \boldsymbol{O} & \boldsymbol{O} \end{bmatrix} \tag{2.48}$$

设

$$\left.\begin{aligned} \boldsymbol{MA}_i\boldsymbol{N} &= \begin{bmatrix} \boldsymbol{A}_{i_{11}} & \boldsymbol{A}_{i_{12}} \\ \boldsymbol{A}_{i_{21}} & \boldsymbol{A}_{i_{22}} \end{bmatrix} \quad (i \in \boldsymbol{\Sigma}) \\ \boldsymbol{N}^{-1}\boldsymbol{x} &= \begin{bmatrix} x_1 \\ x_2 \end{bmatrix} \end{aligned}\right\} \tag{2.49}$$

于是，系统正则、无脉冲等价于非奇异。

定理 2.26 若系统（2.47）正则、无脉冲，$\boldsymbol{x}_0$ 为一致初始状态，且在切换点 t_j 处系统的状态满足

$$\boldsymbol{x}_\pi(t_j; \boldsymbol{x}_0, t_0) = \boldsymbol{N}\begin{bmatrix} \boldsymbol{I}_r & \boldsymbol{O} \\ -\boldsymbol{A}_{k_{22}}^{-1}\boldsymbol{A}_{k_{21}} & \boldsymbol{O} \end{bmatrix}\boldsymbol{N}^{-1}\boldsymbol{x}_\pi(t_j^-; \boldsymbol{x}_0, t_0) \quad (k = \sigma(t_j))$$

则对于切换律 $\boldsymbol{\pi}$，系统（2.47）存在唯一且分段连续的解，其中，$\boldsymbol{N}$ 满足式(2.48)。

定理 2.27 假设系统（2.47）正则、无脉冲，在切换点 t_j 处系统的状态满足

$$\boldsymbol{x}_\pi(t_j; \boldsymbol{x}_0, t_0) = \boldsymbol{N}\begin{bmatrix} \boldsymbol{I}_r & \boldsymbol{O} \\ -\boldsymbol{A}_{k_{22}}^{-1}\boldsymbol{A}_{k_{21}} & \boldsymbol{O} \end{bmatrix}\boldsymbol{N}^{-1}\boldsymbol{x}_\pi(t_j; \boldsymbol{x}_0, t_0) \quad (k = \sigma(t_j))$$

那么系统（2.47）在任意切换律下都稳定的充分条件是：存在矩阵 $\boldsymbol{V}$，对任意的 $i \in \boldsymbol{\Sigma}$，Lyapunov 不等式成立，即

$$\left.\begin{aligned} \boldsymbol{A}_i^{\mathrm{T}}\boldsymbol{V} + \boldsymbol{V}^{\mathrm{T}}\boldsymbol{A}_i &< 0 \quad (i \in \boldsymbol{\Sigma}) \\ \boldsymbol{E}^{\mathrm{T}}\boldsymbol{V} = \boldsymbol{V}^{\mathrm{T}}\boldsymbol{E} &\geqslant 0 \end{aligned}\right\} \tag{2.50}$$

定理 2.28 若切换线性广义系统（2.47）正则，存在非奇异矩阵 $\boldsymbol{P}$ 和 $\boldsymbol{Q}$，使得

$$[\boldsymbol{PEQ} \quad \boldsymbol{PA}_i\boldsymbol{Q}] = [\text{diag}(\boldsymbol{I}_1 \quad \boldsymbol{O}), \text{diag}(\boldsymbol{A}_{i_1} \quad \boldsymbol{I}_2)]$$

成立，且对矩阵 $\boldsymbol{A}_{i_1}$，存在对称正定矩阵 $\boldsymbol{V}_1$ 满足 Lyapunov 不等式

$$\boldsymbol{A}_{i_1}^{\mathrm{T}}\boldsymbol{V}_1 + \boldsymbol{V}_1^{\mathrm{T}}\boldsymbol{A}_{i_1} < 0 \quad (i = 1, 2, \cdots, n)$$

则切换线性广义系统（2.47）在任意切换律下都是稳定的，且存在共同函数

$$v(\boldsymbol{Ex}) = (\boldsymbol{Ex})^{\mathrm{T}}\boldsymbol{Vx}$$

其中，$\boldsymbol{V} = \boldsymbol{P}^{\mathrm{T}}\begin{bmatrix} \boldsymbol{V}_1 & \boldsymbol{O} \\ \boldsymbol{O} & -\frac{1}{2}\boldsymbol{I}_2 \end{bmatrix}\boldsymbol{Q}^{-1}$。

定理 2.27 应用共同 Lyapunov 函数方法，针对一类切换线性广义系统，给

出了其在任意切换信号下均稳定的充分条件。定理2.28给出了一类共同Lyapunov函数的构造方法。

2.3.2　线性切换离散广义系统

切换离散广义系统是子系统均为离散广义系统的一类特殊的切换系统。

考虑如下线性切换离散广义系统：

$$\boldsymbol{E}_{\sigma(\boldsymbol{x},t)}\boldsymbol{x}(t+1)=\boldsymbol{A}_{\sigma(\boldsymbol{x},t)}\boldsymbol{x}(t)+\boldsymbol{B}_{\sigma(\boldsymbol{x},t)}\boldsymbol{u}(t) \tag{2.51}$$

这里，$\boldsymbol{x}\in\mathbf{R}^n$是状态向量，$\boldsymbol{u}\in\mathbf{R}^m$是输入向量，$\sigma(\boldsymbol{x},t)$: $\mathbf{R}^n\times\mathbf{R}\rightarrow\{1,2,\cdots,m\}$是切换函数，$\boldsymbol{E}_i,\boldsymbol{A}_i\in\mathbf{R}^{n\times n}$，$\boldsymbol{B}_j\in\mathbf{R}^{n\times m}(i=1,2,\cdots,m)$是常矩阵。$\boldsymbol{E}_i\ (i=1,2,\cdots,m)$为奇异阵，即$\mathrm{rank}\boldsymbol{E}_i=q<n$（$i=1,\ 2,\ \cdots,\ m$）。

下面用（$\boldsymbol{E}_i,\ \boldsymbol{A}_i,\ \boldsymbol{B}_i$）（$i=1,\ 2,\ \cdots,\ m$）表示系统（2.50）的第$i$个模式。

定义2.18　一个切换序列是一个有限的或可数个时间与被激活的子系统的集合，即$\{(\tau_0,i_0),(\tau_1,i_1),\cdots,(\tau_s,i_s)\}$，且$\tau_0<\tau_1<\cdots<\tau_s\leqslant\infty$，$i_j\in\{i=1,2,\cdots,m\}$；$j=1,\ 2,\ \cdots,\ s$，$s\leqslant\infty$。

对于被给定的奇异切换系统（2.50）和任意的初始状态$\boldsymbol{x}_0$，切换函数$\sigma(\boldsymbol{x},t)$唯一地确定了切换序列，反之亦然。它们之间的关系是

$$\sigma(\boldsymbol{x},t)=k\quad\Big(t\in\bigcup_{i_j=k}[\tau_j,\ \tau_{j+1});\ k=1,2,\cdots,m\Big)$$

定义2.19　对于任意给定的两个矩阵$\boldsymbol{E},\ \boldsymbol{A}\in\mathbf{R}^{n\times n}$，矩阵对$(\boldsymbol{E},\boldsymbol{A})$称为正则的，如果存在一个常数$\alpha\in\mathbf{C}$（全体复数的集合），使得$|\alpha\boldsymbol{E}+\boldsymbol{A}|\neq0$或者多项式$|s\boldsymbol{E}-\boldsymbol{A}|\neq0$。

本书总假定（$\boldsymbol{E}_i,\ \boldsymbol{A}_i,\ \boldsymbol{B}_i$）（$i=1,\ 2,\ \cdots,\ m$）是正则的。

定义2.20　若对于任意给定的$i\in\{1,2,\cdots,m\}$，系统（2.50）的每一个子系统都是正则的、因果的，则系统（2.50）是正则的且是因果的。

定义2.21　对某一切换序列$\{(\tau_0,i_0),(\tau_1,i_1),\cdots,(\tau_s,i_s)\}$和一致初始状态$\boldsymbol{x}_0$，若系统（2.50）存在唯一的状态响应$\boldsymbol{x}(t)$，且当$t\in[t_j,\ t_{j+1})$时，$\boldsymbol{x}(t)$满足

$$\boldsymbol{E}_{i_j}\boldsymbol{x}(t+1)=\boldsymbol{A}_{i_j}\boldsymbol{x}(t)+\boldsymbol{B}_{i_j}\boldsymbol{u}(t)\quad\big(i_j=\sigma(t_j)\big)$$

则称$\boldsymbol{x}(t)$是系统（2.50）在切换律$\boldsymbol{\pi}$下的解，记为$\boldsymbol{x}_\pi(t;\boldsymbol{x}_0,t_0)$。其中，$j\in\{1,2,\cdots,m\}$。

考虑线性切换离散广义系统

$$\boldsymbol{E}\boldsymbol{x}(t+1)=\boldsymbol{A}_{\sigma(\boldsymbol{x},t)}\boldsymbol{x}(t) \tag{2.52}$$

这里，$x\in\mathbf{R}^n$是状态向量，$\sigma(x,t):\mathbf{R}^n\times\mathbf{R}\to\{1,2,\cdots,m\}$是切换函数，$E$，$A_i\in\mathbf{R}^{n\times n}$（$i=1$，2，…，$m$）是常矩阵。$E$（$i=1$，2，…，$m$）为奇异阵，即$\mathrm{rank}E=q<n$（$i=1$，2，…，$m$）。

定义2.22 当$t\to\infty$时，有$x_\pi(t;x_0,t_0)\to 0$，则称系统（2.51）在切换律π下是渐近稳定的。

定理2.29 假设系统（2.51）是正则的且是因果的，离散切换广义系统（2.51）稳定的充分条件是对于任意的正定对称矩阵$W_i>0$（$i\in\{1,2,\cdots,m\}$），Lyapunov方程

$$A_i^{\mathrm{T}}VA_i-E^{\mathrm{T}}VE=-E^{\mathrm{T}}W_iE \tag{2.53}$$

有半正定对称解V，其中，$\mathrm{rank}(V)=\mathrm{rank}(E)=q$。

定理2.29给出了一类线性切换离散广义系统在任意切换信号下均稳定的充分条件。

定理2.30 离散切换广义系统（2.51）是容许的充分条件是存在正定对称矩阵V，满足如下Lyapunov不等式：

$$E^{\mathrm{T}}VE\geqslant 0 \tag{2.54}$$

$$A_i^{\mathrm{T}}VA_i-E^{\mathrm{T}}VE<0 \tag{2.55}$$

其中，$i\in\{1,2,\cdots,m\}$。

定理2.30利用Lyapunov不等式给出了一类线性切换离散广义系统在任意切换信号下均容许的充分条件。

定理2.31 假设系统（2.51）是正则的且是因果的，若对于任一正定对称矩阵W_{i_1}，总存在正定对称矩阵V_1满足Lyapunov方程

$$A_{i_1}^{\mathrm{T}}V_1A_{i_1}-V_1=-W_{i_1}$$

则离散切换广义系统（2.51）在任意切换律下都是稳定的。

定理2.31说明了离散切换广义系统的稳定性与它的向前子系统的稳定性的联系。如果向前子系统存在公共Lyapunov函数，那么系统是稳定的。

定理2.32 假设系统（2.51）正则，存在非奇异矩阵M和K使得

$$\left.\begin{array}{l} MEK=\begin{pmatrix} I_1 & O \\ O & O \end{pmatrix} \\ MA_iK=\begin{pmatrix} A_{i_1} & O \\ O & I_2 \end{pmatrix} \quad (i\in\{1,2,\cdots,m\}) \end{array}\right\} \tag{2.56}$$

且对矩阵A_{i_1}，存在对称正定矩阵V_1满足Lyapunov不等式

$$A_{i_1}^{\mathrm{T}}V_1A_{i_1}-V_1<0 \tag{2.57}$$

则离散切换广义系统（2.51）在任意切换律下都是稳定的，且存在公共Lyapunov函数

$$v(\boldsymbol{E}\boldsymbol{x}(k))=\boldsymbol{x}^{\mathrm{T}}(k)\boldsymbol{E}^{\mathrm{T}}\boldsymbol{V}\boldsymbol{E}\boldsymbol{x}(k)$$

其中，$\boldsymbol{V}=\boldsymbol{M}^{\mathrm{T}}\begin{bmatrix}\boldsymbol{V}_1 & \boldsymbol{O}\\ \boldsymbol{O} & -\boldsymbol{I}_2\end{bmatrix}\boldsymbol{M}$。

定理2.32说明，可以根据向前子系统的共同Lyapunov函数构造切换系统的共同Lyapunov函数，从而将正常切换系统的共同Lyapunov函数方法推广到切换广义系统。

由于线性切换奇异系统的稳定性的研究要同时考虑切换系统和奇异系统，所以在这一节中针对一类线性切换奇异系统使用代数方法，将线性切换系统的理论推广到了线性奇异切换系统，分析了线性切换连续广义系统的稳定性，并利用共同Lyapunov函数法，将已有的结论推广到线性切换离散广义系统中。这一节不仅针对一类线性离散切换广义系统给出其在任意切换信号下均稳定和容许的充分条件，而且分析了离散切换广义系统的稳定性与它的向前子系统的稳定性的关系。同时给出了根据向前子系统的公共Lyapunov函数构造切换系统的公共Lyapunov函数的方法。最后，根据提出的理论给出了数值算例。

切换系统在切换时刻经常会产生状态跳跃，而且对于一般切换广义系统的稳定性分析，必须同时考虑系统的正则性、因果性、一致初始状态和稳定性等问题，使得问题的研究复杂化。但是带有这些问题的系统具有更一般的意义，也更具有研究价值。

第3章 切换广义系统稳定性分析

3.1 引言

广义系统是20世纪兴起并蓬勃发展起来的一类动力系统，它有着比正常系统更广泛的形式，并大量应用于许多实际的系统模型中。从20世纪90年代初至今，作为现代控制理论的一个分支，广义系统的研究已从基础向纵深发展，取得了丰硕的成果。

切换系统是一类重要的混杂系统，它有着明确的工程背景，如宇航飞行器的最优控制、机器人系统、用多个控制器依切换方式控制一个动态过程、对模糊系统的切换控制等。它是由一个切换规则和一系列子系统构成的，通过在各子系统之间的切换来实现控制的目的。

切换线性广义系统是一类重要的切换系统，它存在于许多实际系统中，如电力系统、经济系统等。这类系统是在一些广义系统中切换。近年来，由于这类系统的重要的理论与实际意义，它受到越来越广泛的关注。

本章综述了连续切换广义系统关于稳定性的理论，研究了离散广义系统的稳定性问题。考虑到公共Lyapunov函数不易求出的问题，在第3.3节中利用多Lyapunov函数方法研究了离散切换广义系统的稳定性问题。将离散切换系统的判据推广到离散切换广义系统，得到了在任意切换下系统稳定的充分条件，并且给出了建立多Lyapunov函数的方法。最后，用两个例子说明了所提出的结论的有效性。

3.2 连续切换广义系统

切换广义系统按照其子系统的类型可分为两类：连续切换广义系统与离散切换广义系统。目前，对于连续切换广义系统的研究已取得了一些研究成果，然而由于广义系统本身的复杂性使得研究更加复杂，相关的文献并不多见。文献［131］针对一类连续切换线性广义系统，给出了设计控制器的方法。文献

[132]、[133] 分别研究了连续切换线性广义系统的能达和能观性问题。文献[129]、[130]、[133]、[135]~[138] 研究了连续切换广义系统的稳定性问题。在现有的文献中，文献 [129]、[133] 利用公共Lyapunov函数方法研究了稳定性问题，然而，对于互异的子系统来说，想找到适合的共同的Lyapunov函数不是一件容易的事。所以，引入多Lyapunov函数方法是十分必要的。文献 [139] 在正常的切换系统中首次引入多Lyapunov函数方法研究了系统的稳定性。

本节综述了连续切换广义系统的相关结论。

考虑连续切换线性广义系统

$$E_i\dot{x}(t)=A_ix(t)+B_iu_i(t) \tag{3.1}$$

其中，i:{0, 1, ⋯} →Λ= {1, 2, ⋯, N} 是切换律，$x(k)\in\mathbf{R}^n$ 为系统状态，$E_i\in\mathbf{R}^{n\times n}$，$A_i\in\mathbf{R}^{n\times n}$，$B_i\in\mathbf{R}^{n\times n}$ 为定常矩阵，$u_i\in\mathbf{R}^m$ 为控制输入，$\operatorname{rank}E_i=r<n$，$i\in\Lambda$。

切换系统的解是分段连续的，当系统存在共同的分解时，可以根据慢子系统的共同Lyapunov函数构造出切换广义系统的共同Lyapunov函数，从而将正常切换系统的共同Lyapunov函数方法推广到切换广义系统中。文献 [146] 讨论了线性切换广义系统解的存在唯一性问题，在系统正则的条件下，通过对广义系统一致初始状态集的结构分析，给出了切换线性广义系统的解存在且唯一的充要条件，并且针对一类切换线性广义系统给出了如下两个定理，在定理3.2的证明过程中给出了构造切换广义系统的共同Lyapunov函数的方法。

定理3.1　假设系统（3.1）正则、无脉冲，在切换点，系统的状态满足

$$x_\pi\left(t^+;x_0,t_0\right)=N\begin{bmatrix}I_r & O\\ -A_{i22}^{-1}A_{i21} & O\end{bmatrix}N^{-1}x_\pi\left(t_j^-;x_0,t_0\right) \tag{3.2}$$

那么系统（3.1）在任意切换律下都稳定的充分条件是：存在非奇异矩阵V，对任意的$i\in\Lambda$，下面的Lyapunov不等式成立：

$$A_i^{\mathrm{T}}V+V^{\mathrm{T}}A_i<0 \tag{3.3}$$

$$E^{\mathrm{T}}V+V^{\mathrm{T}}E\geqslant 0 \tag{3.4}$$

定理3.2　若切换线性广义系统（3.1）存在共同的非奇异矩阵P和Q使

$$[PEQ\ \ PA_iQ]=\left[\operatorname{diag}(I_1\ \ O),\ \operatorname{diag}\left(A_{i1}\ \ I_2\right)\right] \tag{3.5}$$

成立，且对任意的$i\in\Lambda$，存在对称正定矩阵V_1满足Lyapunov不等式

$$A_{i1}^{\mathrm{T}}V+V_1^{\mathrm{T}}A_{i1}<0 \tag{3.6}$$

则切换线性广义系统（3.1）在任意切换律下都是渐近稳定的，且存在共同Lyapunov函数

$$v(\boldsymbol{Ex})=(\boldsymbol{Ex})^{\mathrm{T}}\boldsymbol{Vx} \tag{3.7}$$

其中

$$\boldsymbol{V}=\boldsymbol{P}^{\mathrm{T}}\begin{bmatrix}\boldsymbol{V}_1 & \boldsymbol{O}\\ \boldsymbol{O} & -\frac{1}{2}\boldsymbol{I}_2\end{bmatrix}\boldsymbol{Q}^{-1} \tag{3.8}$$

文献［146］利用驻留时间方法和平均驻留时间方法研究了具有脉冲作用的切换线性广义系统的稳定性问题。文献［149］提出驻留时间的概念并且证明了如果所有的子系统都是稳定的，那么一定能够选取一个充分大的常数，当每个子系统连续激活时间都不小于这个常数时，系统是指数稳定的。文献［148］应用平均驻留时间研究同时包含稳定的和不稳定的子系统的切换系统的稳定性，证明了如果选取足够大的平均驻留时间且稳定子系统总的激活时间与不稳定的子系统总的激活时间之比不小于一个给定的常数，那么系统是指数稳定的。文献［150］将驻留时间的概念扩展并提出平均驻留时间的概念。应用平均驻留时间方法分析系统的稳定性较驻留时间方法减少了保守性，它并不需要每个子系统连续激活时间都不小于驻留时间，允许子系统连续激活时间间隔小于给定的常数。文献［146］将驻留时间方法和平均驻留时间方法应用到具有脉冲作用的切换广义系统的研究中，在假定每个广义子系统都是正则、无脉冲且全局指数稳定的条件下，给出了具有脉冲作用的切换线性广义系统指数稳定的充分条件。

Lyapunov-like 函数是非传统意义下的Lyapunov 函数，不是单调下降的，有时它可能是递增的，但当系统激活时是非增的。当每个子系统都不存在Lyapunov函数时，就应用多Lyapunov 函数方法，即每个子系统都拥有自己的Lyapunov-like 函数，在子系统激活的时间间隔内，其对应的Lyapunov-like 函数关于时间的导数沿系统轨迹是下降的，同时其Lyapunov-like 函数关于对应的子系统进入激活区间的左端点组成的时间序列是非增的，那么切换系统是稳定的。有的学者利用多Lyapunov 函数方法，给出了具有脉冲作用的切换广义系统稳定的充分条件，其结论减少了文献［126］中结论的保守性。

定理3.3 对于任意的切换序列S，子系统$(\boldsymbol{E}_i,\boldsymbol{A}_i)$，$i\in\Lambda$，$V_i$是关于子系统$(\boldsymbol{E}_i,\boldsymbol{A}_i)$的轨迹$\boldsymbol{x}(t)$在$S|i$上的Lyapunov-like 函数，那么具有脉冲作用的切换广义系统

$$\boldsymbol{E}_{ik}\dot{\boldsymbol{x}}(t)=\boldsymbol{A}_{ik}\boldsymbol{x}(t) \tag{3.9}$$

$$\boldsymbol{x}(t_k^+)=\boldsymbol{P}_{ik}\begin{bmatrix}\boldsymbol{I} & \boldsymbol{O}\\ \boldsymbol{O} & \boldsymbol{O}\end{bmatrix}\boldsymbol{P}_{ik}^{-1}\boldsymbol{x}(t_k) \tag{3.10}$$

是稳定的。

3.3　离散切换广义系统稳定性分析

离散切换广义系统的子系统都是离散系统，在已有的关于切换广义系统的研究中，其子系统大多是正常系统，也有少量的是关于连续广义系统的，然而确实存在子系统是离散广义系统的切换系统。例如，Leontief动态投入产出模型就是一个不确定的离散切换广义系统。但是由于这个模型中投资系数矩阵与消耗系数矩阵是时变的，而且这种变化是不连续的，因此，它是一个切换的离散广义系统。

本节利用多Lyapunov函数方法研究离散切换广义系统的稳定性问题。将离散切换系统的判据推广到离散切换广义系统，得到了在任意切换下系统稳定的充分条件，并且给出了建立多Lyapunov函数的方法。特别地，本节中考虑的系统的奇异矩阵都是不一样的，这样更扩大了理论的使用范围。最后，用两个例子说明了所提出的结论的有效性。

3.3.1　问题描述

众所周知，稳定性、能控性、能观性是现代控制理论的基础问题。然而，关于切换广义系统的这些问题的研究并不是很丰富。文献［131］针对一类切换广义系统给出了设计控制器的方法。文献［132］和［134］研究了可达性和能观性问题。另外，文献［129］、［130］、［133］、［135］~［138］研究了稳定性的问题。

稳定性是研究控制理论的基本问题，也是研究切换广义系统的基础问题。在现有的文献中，文献［129］、［133］利用共同Lyapunov方法研究了系统的稳定性。但是，对于不同的子系统，想找到共同的Lyapunov函数是很困难的。另外，在文献［130］中利用多Lyapunov函数方法有效地研究了稳定性问题。虽然这种方法在普通切换系统中被广泛应用，但在切换广义系统中还是极少应用的。其中有两个原因。第一，由于在这类系统中要同时考虑正则性、因果性和稳定性，所以问题变得非常复杂；第二，由于切换是在各广义子系统中进行的，所以问题就更加复杂。基于这两个原因，下面利用多Lyapunov函数方法研究切换广义系统的稳定性。

考虑如下系统：

$$\boldsymbol{E}\boldsymbol{x}(k+1)=\boldsymbol{A}_{\sigma}\boldsymbol{x}(k) \tag{3.11}$$

其中，$\sigma:\{0, 1, \cdots\}\to\Lambda=\{1, 2, \cdots, N\}$是切换律，$\boldsymbol{x}(k)\in\mathbf{R}^{n}$为系统状态；$\boldsymbol{E}\in\mathbf{R}^{n\times n}$，

$\mathrm{rank}\boldsymbol{E}=r<n$，$\boldsymbol{A}_i\in\mathbf{R}^{n\times n}$，$i\in\Lambda$。

定义 3.1 有限或可数时间与激活子系统的集合称为切换序列，即

$$\{(\tau_0,i_0),(\tau_i,i_i),\cdots,(\tau_s,i_s)\}\ (\tau_0<\tau_1<\cdots<\tau_s\leqslant\infty,i_j\in(1,2,\cdots,N),j=1,2,\cdots,n)$$

定义 3.2 考虑系统（3.11）：

① 对于给定的$i\in\Lambda$，若存在常量$s\in\mathbf{C}$使得$\det(s\boldsymbol{E}_i-\boldsymbol{A}_i)\neq 0$，则称矩阵对（$\boldsymbol{E}_i$, $\boldsymbol{A}_i$）是正则的。

若每对（$\boldsymbol{E}_i$, $\boldsymbol{A}_i$）($i\in\Lambda$）都正则，则称离散切换广义系统（3.11）是正则的。

② 对于给定的$i\in\Lambda$，若存在常量$s\in\mathbf{C}$使得$\deg(\det(s\boldsymbol{E}_i-\boldsymbol{A}_i))=\mathrm{rank}(\boldsymbol{E}_i)$，则称矩阵对（$\boldsymbol{E}_i$, $\boldsymbol{A}_i$）是因果的。

若每对（$\boldsymbol{E}_i$, $\boldsymbol{A}_i$）($i\in\Lambda$）都是因果的，则称离散切换广义系统（3.11）是因果的。

③ 若离散切换系统（3.11）正则、因果且是稳定的，则系统（3.11）是容许的。

假设 3.1 对于任意的$i\in\Lambda$，$N(\boldsymbol{E}_i)$是相同的。

引理 3.1 存在可逆矩阵$\boldsymbol{M}_i$（$i\in\Lambda$）和$\boldsymbol{N}$使得系统（3.11）受限等价于

$$\boldsymbol{x}_1(k+1)=\boldsymbol{A}_{i11}\boldsymbol{x}_1(k)+\boldsymbol{A}_{i12}\boldsymbol{x}_2(k) \tag{3.12}$$

$$\boldsymbol{0}=\boldsymbol{A}_{i21}\boldsymbol{x}_1(k)+\boldsymbol{A}_{i22}\boldsymbol{x}_2(k) \tag{3.13}$$

当且仅当$N(\boldsymbol{E}_1)=\cdots=N(\boldsymbol{E}_N)$，其中

$$\boldsymbol{x}_1\in\mathbf{R}^r,\ \boldsymbol{A}_{i11}\in\mathbf{R}^{n\times n}$$

$$\boldsymbol{M}_i\boldsymbol{E}_i\boldsymbol{N}=\mathrm{diag}[\boldsymbol{I}_r\ \ \boldsymbol{O}]$$

$$\boldsymbol{M}_i\boldsymbol{A}_i\boldsymbol{N}=\begin{pmatrix}\boldsymbol{A}_{i11} & \boldsymbol{A}_{i12}\\ \boldsymbol{A}_{i21} & \boldsymbol{A}_{i22}\end{pmatrix}$$

$$\boldsymbol{N}^{-1}\boldsymbol{x}=\begin{pmatrix}\boldsymbol{x}_1\\ \boldsymbol{x}_2\end{pmatrix}$$

引理 3.2 假设系统（3.11）成立，如果存在对称矩阵$\boldsymbol{V}$使得

$$\boldsymbol{E}_i^{\mathrm{T}}\boldsymbol{V}\boldsymbol{E}_i\geqslant 0 \tag{3.14}$$

$$\boldsymbol{A}_i^{\mathrm{T}}\boldsymbol{V}\boldsymbol{A}_i-\boldsymbol{E}_i^{\mathrm{T}}\boldsymbol{V}\boldsymbol{E}_i<0\quad(i\in\Lambda) \tag{3.15}$$

成立，那么离散切换广义系统（3.11）在任意切换律下是容许的。

3.3.2 稳定性判据

定理 3.4 假设 3.1 成立，假设离散切换系统（3.11）是正则的、因果的，如果存在半正定对称矩阵$\boldsymbol{V}_i$使得下列 Lyapunov 方程成立，那么称系统（3.11）在任意切换律下稳定。

$$A_i^{\mathrm{T}}V_iA_i-E_i^{\mathrm{T}}V_iE_i=-E_i^{\mathrm{T}}W_iE_i \tag{3.16}$$

其中，$W_i>0\ \ (i\in\Lambda)$是任意正定对称矩阵。

证明　由引理3.1及假设3.1，能找到矩阵$M_i\in\mathbf{R}^{n\times n}\,(i\in\Lambda)$和$N\in\mathbf{R}^{n\times n}$使得系统（3.11）受限等价于式（3.12）和式（3.13），其中

$$M_i^{-\mathrm{T}}V_iM_i^{-1}=\begin{pmatrix}V_{11}&V_{22}\\V_{22}^{\mathrm{T}}&V_{33}\end{pmatrix}$$

$$M_i^{-\mathrm{T}}W_iM_i^{-1}=\begin{pmatrix}W_{i1}&W_{i2}\\W_{i3}&W_{i4}\end{pmatrix}$$

$$x_1(t)\in\mathbf{R}^{r}$$

$$x_2(t)\in\mathbf{R}^{n-r}$$

由于系统（3.11）是正则的、因果的，由文献［16］知$A_{i22}\,(i\in\Lambda)$是可逆的，那么有

$$x_2(t)=A_{i22}^{-1}A_{i22}x_1(t) \tag{3.17}$$

将式（3.17）代入式（3.12）有

$$x_1(t+1)=\left(A_{i11}-A_{i12}A_{i22}^{-1}A_{i21}\right)x_1(t) \tag{3.18}$$

可见，系统（3.11）是一个正常的切换离散系统。

由定理的条件，对于任意的$i\in\Lambda$，Lyapunov方程都成立，即

$$\begin{aligned}&\begin{pmatrix}A_{i11}^{\mathrm{T}}&A_{i21}^{\mathrm{T}}\\A_{i12}^{\mathrm{T}}&A_{i22}^{\mathrm{T}}\end{pmatrix}\begin{pmatrix}V_{11}&V_{22}\\V_{22}^{\mathrm{T}}&V_{33}\end{pmatrix}\begin{pmatrix}A_{i11}&A_{i12}\\A_{i21}&A_{i22}\end{pmatrix}-\begin{pmatrix}I_{iq}&O\\O&O\end{pmatrix}\begin{pmatrix}V_{11}&V_{22}\\V_{22}^{\mathrm{T}}&V_{33}\end{pmatrix}\begin{pmatrix}I_{iq}&O\\O&O\end{pmatrix}\\&=-\begin{pmatrix}I_{iq}&O\\O&O\end{pmatrix}\begin{pmatrix}W_{i1}&W_{i2}\\W_{i3}&W_{i4}\end{pmatrix}\begin{pmatrix}I_{iq}&O\\O&O\end{pmatrix}\end{aligned} \tag{3.19}$$

从而有两种情形。

如果$V_{11}>0$，那么令$S=\begin{pmatrix}I&-A_{i21}^{\mathrm{T}}A_{i22}^{-\mathrm{T}}\\O&I\end{pmatrix}$，在式（3.19）的左右两边分别乘以$S$和$S^{\mathrm{T}}$，那么有

$$\begin{aligned}&\begin{pmatrix}I&-A_{i21}^{\mathrm{T}}A_{i22}^{-\mathrm{T}}\\O&I\end{pmatrix}\begin{pmatrix}A_{i11}^{\mathrm{T}}&A_{i21}^{\mathrm{T}}\\A_{i12}^{\mathrm{T}}&A_{i22}^{\mathrm{T}}\end{pmatrix}\begin{pmatrix}V_{11}&V_{22}\\V_{22}^{\mathrm{T}}&V_{33}\end{pmatrix}\begin{pmatrix}A_{i11}&A_{i12}\\A_{i21}&A_{i22}\end{pmatrix}\begin{pmatrix}I&O\\-A_{i22}^{-1}A_{i21}&I\end{pmatrix}-\\&\begin{pmatrix}I&-A_{i21}^{\mathrm{T}}A_{i22}^{-\mathrm{T}}\\O&I\end{pmatrix}\begin{pmatrix}I_{iq}&O\\O&O\end{pmatrix}\begin{pmatrix}V_{11}&V_{22}\\V_{22}^{\mathrm{T}}&V_{33}\end{pmatrix}\begin{pmatrix}I_{iq}&O\\O&O\end{pmatrix}\begin{pmatrix}I&O\\-A_{i22}^{-1}A_{i21}&I\end{pmatrix}\\&=-\begin{pmatrix}I&-A_{i21}^{\mathrm{T}}A_{i22}^{-\mathrm{T}}\\O&I\end{pmatrix}\begin{pmatrix}I_{iq}&O\\O&O\end{pmatrix}\begin{pmatrix}W_{i1}&W_{i2}\\W_{i3}&W_{i4}\end{pmatrix}\begin{pmatrix}I_{iq}&O\\O&O\end{pmatrix}\begin{pmatrix}I&O\\-A_{i22}^{-1}A_{i21}&I\end{pmatrix}\end{aligned}$$

因此，得到

$$(A_{i11}^{\mathrm{T}}-A_{i21}^{\mathrm{T}}A_{i22}^{-\mathrm{T}}A_{i12}^{\mathrm{T}})V_{11}(A_{i11}-A_{i12}A_{i22}^{-1}A_{i21})-V_{11}=-W_{i1}$$

即

$$(\boldsymbol{A}_{i11}-\boldsymbol{A}_{i12}\boldsymbol{A}_{i22}^{-1}\boldsymbol{A}_{i21})^{\mathrm{T}}\boldsymbol{V}_{11}(\boldsymbol{A}_{i11}-\boldsymbol{A}_{i12}\boldsymbol{A}_{i22}^{-1}\boldsymbol{A}_{i21})-\boldsymbol{V}_{11}=-\boldsymbol{W}_{i1} \tag{3.20}$$

所以系统（3.11）是稳定的，也就是，在任意的切换律下子状态 $\boldsymbol{x}_1(t)$ 是渐近收敛到 $\mathbf{0}$ 的，再由式（3.17）可得到 $\boldsymbol{x}_2(t)$ 也渐近收敛到 $\mathbf{0}$。

综上可知，当 $t\to\infty$ 时，$\boldsymbol{x}_i(t;\boldsymbol{x}_0,t_0)$ 趋近于 $\mathbf{0}$。由于 i 的任意性，系统（3.11）对于任意切换都稳定。

当 $\boldsymbol{V}_{11}\geqslant 0$ 时，由于 $\boldsymbol{W}_1>0$，子系统都稳定，从而系统（3.11）是稳定的。证毕。

考虑系统（3.11），$\deg(\det(s\boldsymbol{E}_i-\boldsymbol{A}_i))=\mathrm{rank}(\boldsymbol{E}_i)=r\ (i\in\Lambda)$，存在可逆矩阵 $\boldsymbol{M}_i\in\mathbf{R}^{n\times n}$ $(i\in\Lambda)$ 和 $\boldsymbol{K}\in\mathbf{R}^{n\times n}$ 使得

$$\boldsymbol{M}_i\boldsymbol{E}_i\boldsymbol{K}=\begin{pmatrix}\boldsymbol{I}_{ir} & \boldsymbol{O}\\ \boldsymbol{O} & \boldsymbol{N}_i\end{pmatrix}$$

$$\boldsymbol{M}_i\boldsymbol{A}_i\boldsymbol{K}=\begin{pmatrix}\boldsymbol{A}_{i1} & \boldsymbol{O}\\ \boldsymbol{O} & \boldsymbol{I}_{i,n-r}\end{pmatrix}$$

$$\boldsymbol{M}_i^{-\mathrm{T}}\boldsymbol{V}_i\boldsymbol{M}_i^{-1}=\begin{pmatrix}\boldsymbol{V}_{11} & \boldsymbol{V}_{22}\\ \boldsymbol{V}_{22}^{\mathrm{T}} & \boldsymbol{V}_{33}\end{pmatrix}$$

$$\boldsymbol{M}_i^{-\mathrm{T}}\boldsymbol{W}_i\boldsymbol{M}_i^{-1}=\begin{pmatrix}\boldsymbol{W}_{i1} & \boldsymbol{W}_{i2}\\ \boldsymbol{W}_{i2}^{\mathrm{T}} & \boldsymbol{W}_{i3}\end{pmatrix}$$

$$\boldsymbol{K}^{-1}\boldsymbol{x}=\begin{pmatrix}\boldsymbol{x}_1\\ \boldsymbol{x}_2\end{pmatrix}$$

其中，$\boldsymbol{x}_1(t)\in\mathbf{R}^r$，$\boldsymbol{x}_2(t)\in\mathbf{R}^{n-r}$。那么系统（3.11）受限等价于

$$\boldsymbol{x}_1(t+1)=\boldsymbol{A}_{i1}\boldsymbol{x}_1(k) \tag{3.21}$$

$$\boldsymbol{N}_i\boldsymbol{x}_2(t+1)=\boldsymbol{x}_2(t) \tag{3.22}$$

式（3.21）、式（3.22）分别称为系统（3.11）的向前子系统和向后子系统。

定理 3.5 假设 3.1 成立，并且假设离散切换系统（3.11）是正则的、因果的，如果存在正定对称矩阵 $\boldsymbol{V}_{11}$ 使得下列 Lyapunov 方程成立，那么称系统（3.11）在任意切换律下都稳定。

$$\boldsymbol{A}_{i1}^{\mathrm{T}}\boldsymbol{V}_{11}\boldsymbol{A}_{i1}-\boldsymbol{V}_{11}=-\boldsymbol{W}_{i1} \tag{3.23}$$

其中，$\boldsymbol{W}_{i1}$ $(i\in\Lambda)$ 是任意正定对称矩阵。

证明 由式（3.21）~式（3.23）成立，又由系统（3.11）是因果的，有 $\boldsymbol{N}_i=\boldsymbol{O}$，从而可以得到

$$\begin{pmatrix} A_{i1}^{\mathrm{T}} & O \\ O & I_{i,n-r} \end{pmatrix}\begin{pmatrix} V_{11} & V_{22} \\ V_{22}^{\mathrm{T}} & V_{33} \end{pmatrix}\begin{pmatrix} A_{i1} & O \\ O & I_{i,n-r} \end{pmatrix}-\begin{pmatrix} I_{ir} & O \\ O & O \end{pmatrix}\begin{pmatrix} V_{11} & V_{22} \\ V_{22}^{\mathrm{T}} & V_{33} \end{pmatrix}\begin{pmatrix} I_{ir} & O \\ O & O \end{pmatrix}$$
$$=-\begin{pmatrix} I_{ir} & O \\ O & O \end{pmatrix}\begin{pmatrix} W_{i1} & W_{i2} \\ W_{i2}^{\mathrm{T}} & W_{i3} \end{pmatrix}\begin{pmatrix} I_{iq} & O \\ O & O \end{pmatrix}$$

由于存在一个正定对称矩阵 V_{11} 满足Lyapunov方程（3.23），系统（3.11）的向前子系统（3.21）是稳定的。

所以，如下方程成立：

$$A_{i1}^{\mathrm{T}}V_{22}=0$$
$$V_{22}^{\mathrm{T}}A_{i1}=0$$
$$V_{33}=0$$

因此，有 $V_{22}=O$，$V_{33}=O$。

也就是，存在半正定对称矩阵

$$V_i=M_i^{\mathrm{T}}\begin{pmatrix} V_{11} & O \\ O & O \end{pmatrix}M_i$$

满足Lyapunov方程

$$A_i^{\mathrm{T}}V_iA_i-E_i^{\mathrm{T}}V_iE_i=-E_i^{\mathrm{T}}W_iE_i$$

再由定理3.3可知，系统（3.11）是稳定的。证毕。

定理3.6　假设3.1成立，并且假设离散切换系统（3.11）是正则的、因果的，若存在正定对称矩阵 V_i 使得下列Lyapunov不等式成立，则称系统（3.11）在任意切换律下稳定。

$$E_i^{\mathrm{T}}V_iE_i\geqslant 0 \tag{3.24}$$

$$A_i^{\mathrm{T}}V_iA_i-E_i^{\mathrm{T}}V_iE_i<0\quad (i\in\Lambda) \tag{3.25}$$

证明　假设 $\deg\left(\det\left(s_iE_i-A_i\right)\right)=\operatorname{rank}\left(E_i\right)=r\ (i\in\Lambda)$，存在可逆矩阵 $P_i\in\mathbf{R}^{n\times n}$ $(i\in\Lambda)$ 和 $Q\in\mathbf{R}^{n\times n}$ 使得

$$P_iE_iQ_i=\begin{pmatrix} I_r & O \\ O & O \end{pmatrix}$$

$$P_iA_iQ=\begin{pmatrix} A_{i11} & A_{i12} \\ A_{i21} & A_{i22} \end{pmatrix}$$

$$P_i^{-\mathrm{T}}V_iP_i^{-1}=\begin{pmatrix} V_{11} & V_{22} \\ V_{22}^{\mathrm{T}} & V_{33} \end{pmatrix}$$

$$Q^{-1}x(t)=\begin{pmatrix} x_1(t) \\ x_2(t) \end{pmatrix}$$

其中，$x_1(t)\in\mathbf{R}^r$，$x_2(t)\in\mathbf{R}^{n-r}$。

由于系统（3.11）是正则的、因果的，由文献［21］知 $A_{i22}(i\in\Lambda)$ 是可逆

的，那么有

$$\boldsymbol{x}_2(t)=\boldsymbol{A}_{i22}^{-1}\boldsymbol{A}_{i21}\boldsymbol{x}_1(t) \tag{3.26}$$

将式（3.26）代入式（3.12），可得

$$\boldsymbol{x}_1(t+1)=\left(\boldsymbol{A}_{i11}-\boldsymbol{A}_{i12}\boldsymbol{A}_{i22}^{-1}\boldsymbol{A}_{i21}\right)\boldsymbol{x}_1(t) \tag{3.27}$$

由式（3.24）可得$\boldsymbol{V}_i\geqslant 0$。由条件可知，对于任意的$i\in\Lambda$，有

$$\begin{pmatrix}\boldsymbol{A}_{i11}^{\mathrm{T}} & \boldsymbol{A}_{i21}^{\mathrm{T}}\\ \boldsymbol{A}_{i12}^{\mathrm{T}} & \boldsymbol{A}_{i22}^{\mathrm{T}}\end{pmatrix}\begin{pmatrix}\boldsymbol{V}_{11} & \boldsymbol{V}_{22}\\ \boldsymbol{V}_{22}^{\mathrm{T}} & \boldsymbol{V}_{33}\end{pmatrix}\begin{pmatrix}\boldsymbol{A}_{i11} & \boldsymbol{A}_{i12}\\ \boldsymbol{A}_{i21} & \boldsymbol{A}_{i22}\end{pmatrix}-\begin{pmatrix}\boldsymbol{I}_{iq} & \boldsymbol{O}\\ \boldsymbol{O} & \boldsymbol{O}\end{pmatrix}\begin{pmatrix}\boldsymbol{V}_{11} & \boldsymbol{V}_{22}\\ \boldsymbol{V}_{22}^{T} & \boldsymbol{V}_{33}\end{pmatrix}\begin{pmatrix}\boldsymbol{I}_{iq} & \boldsymbol{O}\\ \boldsymbol{O} & \boldsymbol{O}\end{pmatrix}<0 \tag{3.28}$$

令$\boldsymbol{S}=\begin{pmatrix}\boldsymbol{I} & -\boldsymbol{A}_{i21}^{\mathrm{T}}\boldsymbol{A}_{i22}^{-\mathrm{T}}\\ 0 & \boldsymbol{I}\end{pmatrix}$，在式（3.28）的左右两边分别乘以$\boldsymbol{S}$和$\boldsymbol{S}^{\mathrm{T}}$，那么有

$$\begin{gathered}\begin{pmatrix}\boldsymbol{I} & -\boldsymbol{A}_{i21}^{\mathrm{T}}\boldsymbol{A}_{i22}^{-\mathrm{T}}\\ \boldsymbol{O} & \boldsymbol{I}\end{pmatrix}\begin{pmatrix}\boldsymbol{A}_{i11}^{\mathrm{T}} & \boldsymbol{A}_{i21}^{\mathrm{T}}\\ \boldsymbol{A}_{i12}^{\mathrm{T}} & \boldsymbol{A}_{i22}^{\mathrm{T}}\end{pmatrix}\begin{pmatrix}\boldsymbol{V}_{11} & \boldsymbol{V}_{22}\\ \boldsymbol{V}_{22}^{\mathrm{T}} & \boldsymbol{V}_{33}\end{pmatrix}\begin{pmatrix}\boldsymbol{A}_{i11} & \boldsymbol{A}_{i12}\\ \boldsymbol{A}_{i21} & \boldsymbol{A}_{i22}\end{pmatrix}\begin{pmatrix}\boldsymbol{I} & \boldsymbol{O}\\ -\boldsymbol{A}_{i22}^{-1}\boldsymbol{A}_{i21} & \boldsymbol{I}\end{pmatrix}-\\ \begin{pmatrix}\boldsymbol{I} & -\boldsymbol{A}_{i21}^{\mathrm{T}}\boldsymbol{A}_{i22}^{-\mathrm{T}}\\ \boldsymbol{O} & \boldsymbol{I}\end{pmatrix}\begin{pmatrix}\boldsymbol{I}_{iq} & \boldsymbol{O}\\ \boldsymbol{O} & \boldsymbol{O}\end{pmatrix}\begin{pmatrix}\boldsymbol{V}_{11} & \boldsymbol{V}_{22}\\ \boldsymbol{V}_{22}^{\mathrm{T}} & \boldsymbol{V}_{33}\end{pmatrix}\begin{pmatrix}\boldsymbol{I}_{iq} & \boldsymbol{O}\\ \boldsymbol{O} & \boldsymbol{O}\end{pmatrix}\begin{pmatrix}\boldsymbol{I} & \boldsymbol{O}\\ -\boldsymbol{A}_{i22}^{-1}\boldsymbol{A}_{i21} & \boldsymbol{I}\end{pmatrix}<0\end{gathered} \tag{3.29}$$

因此有

$$\left(\boldsymbol{A}_{i11}^{\mathrm{T}}-\boldsymbol{A}_{i21}^{\mathrm{T}}\boldsymbol{A}_{i22}^{-\mathrm{T}}\boldsymbol{A}_{i12}^{\mathrm{T}}\right)\boldsymbol{V}_{11}\left(\boldsymbol{A}_{i11}-\boldsymbol{A}_{i12}\boldsymbol{A}_{i22}^{-1}\boldsymbol{A}_{i21}\right)-\boldsymbol{V}_{11}<0 \tag{3.30}$$

即

$$(\boldsymbol{A}_{i11}-\boldsymbol{A}_{i12}\boldsymbol{A}_{i22}^{-1}\boldsymbol{A}_{i21})^{\mathrm{T}}\boldsymbol{V}_{11}(\boldsymbol{A}_{i11}-\boldsymbol{A}_{i12}\boldsymbol{A}_{i22}^{-1}\boldsymbol{A}_{i21})-\boldsymbol{V}_{11}<0 \tag{3.31}$$

所以系统（3.27）是稳定的，也就是，在任意的切换律下子状态$\boldsymbol{x}_1(t)$是渐近收敛到$\boldsymbol{0}$的，再由式（3.26）可得到$\boldsymbol{x}_2(t)$也渐近收敛到$\boldsymbol{0}$。

综上可知，当$t\to\infty$时，$\boldsymbol{x}_i(t;\boldsymbol{x}_0,t_0)$趋近于$\boldsymbol{0}$。由于$i$的任意性，系统（3.11）对于任意切换稳定。证毕。

定义矩阵$\boldsymbol{G}\in\mathbf{R}^{n\times n}$满足$\boldsymbol{E}^{\mathrm{T}}\boldsymbol{G}^{\mathrm{T}}=\boldsymbol{O}$，并且$\mathrm{rank}(\boldsymbol{G})=n-r$。那么，可以把由定理3.5得到的非严格矩阵不等式转成严格矩阵不等式。

定理3.7 假设3.1成立，并且假设离散切换系统（3.11）是正则的、因果的，若存在对称矩阵$\boldsymbol{V}_i$和对称可逆矩阵$\boldsymbol{G}$使得下列Lyapunov不等式成立，则称系统（3.11）在任意切换律下稳定。

$$\boldsymbol{A}_i^{\mathrm{T}}\left(\boldsymbol{V}_i-\boldsymbol{G}^{\mathrm{T}}\boldsymbol{H}\boldsymbol{G}\right)\boldsymbol{A}_i-\boldsymbol{E}_i^{\mathrm{T}}\boldsymbol{V}_i\boldsymbol{E}_i<0 \tag{3.32}$$

证明 令$\boldsymbol{Y}_i=\boldsymbol{V}_i-\boldsymbol{G}^{\mathrm{T}}\boldsymbol{H}\boldsymbol{G}$，则有

$$\boldsymbol{E}_i^{\mathrm{T}}\boldsymbol{Y}_i\boldsymbol{E}_i=\boldsymbol{E}_i^{\mathrm{T}}\left(\boldsymbol{V}_i-\boldsymbol{G}^{\mathrm{T}}\boldsymbol{H}\boldsymbol{G}\right)\boldsymbol{E}_i=\boldsymbol{E}_i^{\mathrm{T}}\boldsymbol{V}_i\boldsymbol{E}_i\geqslant 0 \tag{3.33}$$

$$\begin{aligned}&\boldsymbol{A}_i^{\mathrm{T}}\boldsymbol{Y}_i\boldsymbol{A}_i-\boldsymbol{E}_i^{\mathrm{T}}\boldsymbol{Y}_i\boldsymbol{E}_i\\&=\boldsymbol{A}_i^{\mathrm{T}}\left(\boldsymbol{V}_i-\boldsymbol{G}^{\mathrm{T}}\boldsymbol{H}\boldsymbol{G}\right)\boldsymbol{A}_i-\boldsymbol{E}_i^{\mathrm{T}}\left(\boldsymbol{V}_i-\boldsymbol{G}^{\mathrm{T}}\boldsymbol{H}\boldsymbol{G}\right)\boldsymbol{E}_i\\&=\boldsymbol{A}_i^{\mathrm{T}}\left(\boldsymbol{V}_i-\boldsymbol{G}^{\mathrm{T}}\boldsymbol{H}\boldsymbol{G}\right)\boldsymbol{A}_i-\boldsymbol{E}_i^{\mathrm{T}}\boldsymbol{V}_i\boldsymbol{E}_i<0\end{aligned}\tag{3.34}$$

证毕。

定理3.8 假设3.1成立，并且假设离散切换系统（3.11）是正则的、因果的，若存在Lyapunov函数

$$v\left(\boldsymbol{E}_i\boldsymbol{x}(k)\right)=\boldsymbol{x}^{\mathrm{T}}(k)\boldsymbol{E}_i^{\mathrm{T}}\boldsymbol{V}_i\boldsymbol{E}_i\boldsymbol{x}(k)$$

其中，$\boldsymbol{V}_i=\boldsymbol{M}_i^{\mathrm{T}}\begin{bmatrix}\boldsymbol{V}_{11}&\boldsymbol{O}\\\boldsymbol{O}&-\boldsymbol{I}_2\end{bmatrix}\boldsymbol{M}_i$，那么存在对称矩阵$\boldsymbol{M}_i$和$\boldsymbol{K}$使得

$$\boldsymbol{M}_i\boldsymbol{E}_i\boldsymbol{K}=\begin{bmatrix}\boldsymbol{I}_1&\boldsymbol{O}\\\boldsymbol{O}&\boldsymbol{O}\end{bmatrix}\tag{3.35a}$$

$$\boldsymbol{M}_i\boldsymbol{A}_i\boldsymbol{K}=\begin{bmatrix}\boldsymbol{A}_{i1}&\boldsymbol{O}\\\boldsymbol{O}&\boldsymbol{I}_2\end{bmatrix}\quad(i\in\Lambda)\tag{3.35b}$$

并且存在正定对称矩阵$\boldsymbol{V}_{11}$使得下列Lyapunov不等式成立，则称系统（3.11）在任意切换律下稳定。

$$\boldsymbol{A}_{i1}^{\mathrm{T}}\boldsymbol{V}_{11}\boldsymbol{A}_{i1}-\boldsymbol{V}_{11}<0\tag{3.36}$$

证明 因为离散切换广义系统（3.11）是因果的、正则的，并且存在可逆矩阵$\boldsymbol{M}_i$和$\boldsymbol{K}$使得式（3.35）和式（3.36）成立，每个子系统都是稳定的，所以有

$$\begin{aligned}&\boldsymbol{A}_i^{\mathrm{T}}\boldsymbol{V}_i\boldsymbol{A}_i-\boldsymbol{E}_i^{\mathrm{T}}\boldsymbol{V}_i\boldsymbol{E}_i\\&=\boldsymbol{K}^{-\mathrm{T}}\begin{bmatrix}\boldsymbol{A}_{i1}^{\mathrm{T}}&\boldsymbol{O}\\\boldsymbol{O}&\boldsymbol{I}_2\end{bmatrix}\begin{bmatrix}\boldsymbol{V}_{11}&\boldsymbol{O}\\\boldsymbol{O}&-\boldsymbol{I}_2\end{bmatrix}\begin{bmatrix}\boldsymbol{A}_{i1}&\boldsymbol{O}\\\boldsymbol{O}&\boldsymbol{I}_2\end{bmatrix}\boldsymbol{K}^{-1}-\boldsymbol{K}^{-\mathrm{T}}\begin{bmatrix}\boldsymbol{I}_1&\boldsymbol{O}\\\boldsymbol{O}&\boldsymbol{O}\end{bmatrix}\begin{bmatrix}\boldsymbol{V}_{11}&\boldsymbol{O}\\\boldsymbol{O}&-\boldsymbol{I}_2\end{bmatrix}\begin{bmatrix}\boldsymbol{I}_1&\boldsymbol{O}\\\boldsymbol{O}&\boldsymbol{O}\end{bmatrix}\boldsymbol{K}^{-1}\\&=\boldsymbol{K}^{-\mathrm{T}}\begin{bmatrix}\boldsymbol{A}_{i1}^{\mathrm{T}}\boldsymbol{V}_{11}\boldsymbol{A}_{i1}-\boldsymbol{V}_{11}&\boldsymbol{O}\\\boldsymbol{O}&-\boldsymbol{I}_2\end{bmatrix}\boldsymbol{K}^{-1}<0\end{aligned}$$

并且

$$\boldsymbol{E}_i^{\mathrm{T}}\boldsymbol{V}_i\boldsymbol{E}_i=\boldsymbol{K}^{-\mathrm{T}}\begin{bmatrix}\boldsymbol{V}_{11}&\boldsymbol{O}\\\boldsymbol{O}&\boldsymbol{O}\end{bmatrix}\boldsymbol{K}^{-1}\geqslant0$$

因此，由定理3.5可知系统（3.11）在任意切换律下稳定，并且存在Lyapunov函数。

注1 本章所考虑的离散切换广义系统的应用领域更为广泛，其中各子系统的奇异矩阵都不相同。本章应用多Lyapunov函数方法研究了此类系统的稳定性。在现有的文献中，只有文献［12］、［14］研究过此类系统。文献［14］考虑的系统是奇异矩阵$\boldsymbol{E}_i$和系统矩阵$\boldsymbol{A}_i$可交换的情形。文献［12］中利用了公共Lyapunov函数方法，但是，对于所有不同的子系统来说，找到同一个函数

不是一件容易的事。然而，在很多情况下，找到不同的Lyapunov函数满足不同的子系统要容易得多。

注2 定理3.6中以Lyapunov不等式的形式给出了系统（3.11）在任意切换律下稳定的充分条件。定理3.6给出了由系统的向前子系统的公共Lyapunov函数建立原系统的Lyapunov函数的方法。这两个定理与文献［10］中的连续切换广义系统的结论是平行的。

3.3.3 算例仿真

例3.1 考虑如下离散切换广义系统：

$$\boldsymbol{E}_i\boldsymbol{x}(t+1)=\boldsymbol{A}_i\boldsymbol{x}(t)\quad(i=1,2)$$

其中

$$\boldsymbol{E}_1=\begin{bmatrix}1&0&0&0\\0&1&0&0\\0&0&0&0\\0&0&0&0\end{bmatrix},\ \boldsymbol{E}_2=\begin{bmatrix}0.5&0&0&0\\0&1&0&0\\0&0&0&0\\0&0&0&0\end{bmatrix},\ \boldsymbol{A}_1=\begin{bmatrix}0&0.5&0&0\\-0.5&1&0&0\\0&0&1&0\\0&0&0&1\end{bmatrix}$$

$$\boldsymbol{A}_2=\begin{bmatrix}0.25&0&0&0\\0&0.9114&0&0\\0&0&1&0\\0&0&0&1\end{bmatrix},\ \boldsymbol{W}_1=\begin{bmatrix}1&0&0&0\\0&1&0&0\\0&0&1&0\\0&0&0&1\end{bmatrix},\ \boldsymbol{W}_2=\begin{bmatrix}5.7776&1.6128&0&0\\1.6128&0.6272&0&0\\0&0&1&0\\0&0&0&1\end{bmatrix}$$

取

$$\boldsymbol{P}_1=\begin{bmatrix}1&0&0&0\\0&1&0&0\\0&0&1&0\\0&0&0&1\end{bmatrix},\ \boldsymbol{P}_2=\begin{bmatrix}2&0&0&0\\0&1&0&0\\0&0&1&0\\0&0&0&1\end{bmatrix},\ \boldsymbol{Q}=\begin{bmatrix}1&0&0&0\\0&1&0&0\\0&0&1&0\\0&0&0&1\end{bmatrix}$$

那么有

$$\boldsymbol{A}_{11}=\begin{bmatrix}0&0.5\\-0.5&-1\end{bmatrix},\ \boldsymbol{A}_{21}=\begin{bmatrix}0.5000&0\\0&0.9114\end{bmatrix}$$

$$\boldsymbol{W}_{11}=\begin{bmatrix}1&0\\0&1\end{bmatrix},\ \boldsymbol{W}_{21}=\begin{bmatrix}1.4444&0.8064\\0.8064&0.6272\end{bmatrix}$$

从而可以得到正定对称矩阵

$$\boldsymbol{V}_{11}=\begin{bmatrix}1.9259&1.4815\\1.4815&3.7037\end{bmatrix}$$

满足

$$\boldsymbol{A}_{i1}^{\mathrm{T}}\boldsymbol{V}_{11}\boldsymbol{A}_{i1}-\boldsymbol{V}_{11}=-\boldsymbol{W}_{i1}\quad(i=1,2)$$

因此存在公共Lyapunov函数使得离散子系统

$$\boldsymbol{x}(t+1)=\boldsymbol{A}_{i1}\boldsymbol{x}(t)\quad(i=1,2)$$

稳定。从而可得到半正定矩阵

$$V_1=\begin{bmatrix}1.9259 & 1.4815 & 0 & 0\\ 1.4815 & 3.7037 & 0 & 0\\ 0 & 0 & 0 & 0\\ 0 & 0 & 0 & 0\end{bmatrix},\quad V_2=\begin{bmatrix}7.7036 & 2.9630 & 0 & 0\\ 2.9630 & 3.7037 & 0 & 0\\ 0 & 0 & 0 & 0\\ 0 & 0 & 0 & 0\end{bmatrix}$$

满足

$$A_i^{\mathrm{T}}V_iA_i-E_i^{\mathrm{T}}V_iE_i=-E_i^{\mathrm{T}}W_iE_i\quad(i=1,2)$$

因此，原系统稳定。

例3.2　考虑如下离散切换广义系统：

$$E_ix(t+1)=A_ix(t)\quad(i=1,2)$$

其中

$$E_1=\begin{bmatrix}-0.6667 & 0 & 0 & 0\\ 0 & -2 & 0 & 0\\ 0 & 0 & 0 & 0\\ 0 & 0 & 0 & 0\end{bmatrix},\quad E_2=\begin{bmatrix}-1 & 0 & 0 & 0\\ 0 & 1 & 0 & 0\\ 0 & 0 & 0 & 0\\ 0 & 0 & 0 & 0\end{bmatrix},\quad M_1=\begin{bmatrix}0.5 & 0 & 0 & 0\\ 0 & 0.25 & 0 & 0\\ 0 & 0 & 0.5 & 0\\ 0 & 0 & 0 & 0.25\end{bmatrix}$$

$$M_2=\begin{bmatrix}0.3333 & 0 & 0 & 0\\ 0 & -0.5 & 0 & 0\\ 0 & 0 & 1 & 0\\ 0 & 0 & 0 & 1\end{bmatrix},\quad K=\begin{bmatrix}-3 & 0 & 0 & 0\\ 0 & -2 & 0 & 0\\ 0 & 0 & 3 & 0\\ 0 & 0 & 0 & 1\end{bmatrix},A_1=\begin{bmatrix}2.6667 & 0 & 0 & 0\\ 0 & -0.2 & 0 & 0\\ 0 & 0 & 0.6667 & 0\\ 0 & 0 & 0 & 4\end{bmatrix}$$

$$A_2=\begin{bmatrix}9.0009 & 0 & 0 & 0\\ 0 & 0.1 & 0 & 0\\ 0 & 0 & 0.3333 & 0\\ 0 & 0 & 0 & 1\end{bmatrix}$$

则有

$$A_{11}=\begin{bmatrix}-4 & 0\\ 0 & 0.1\end{bmatrix},\quad A_{21}=\begin{bmatrix}-9 & 0\\ 0 & 0.1\end{bmatrix}$$

从而能得到

$$V_{11}=\begin{bmatrix}3 & 0\\ 0 & 0.001\end{bmatrix}$$

满足

$$A_{i1}^{\mathrm{T}}V_{11}A_{i1}-V_{11}<0\quad(i=1,2)$$

由定理3.8可得

$$V_1=\begin{bmatrix}0.75 & 0 & 0 & 0\\ 0 & 0.0001 & 0 & 0\\ 0 & 0 & -0.25 & 0\\ 0 & 0 & 0 & -0.0625\end{bmatrix},\quad V_2=\begin{bmatrix}0.3333 & 0 & 0 & 0\\ 0 & 0.0003 & 0 & 0\\ 0 & 0 & -1 & 0\\ 0 & 0 & 0 & -1\end{bmatrix}$$

再由定理3.6可得原系统稳定。

注3　例子中的系统都是正则的、因果的，但是，很难找到公共Lyapunov函数满足该系统，所以，利用多Lyapunov函数方法对其进行求解。

3.4 本章小结

本章综述了连续切换广义系统关于稳定性的理论，研究了离散广义系统的稳定性问题。考虑到公共Lyapunov函数不易求出的问题，在第3.3节中利用多Lyapunov函数方法研究了离散切换广义系统的稳定性问题。将离散切换系统的判据推广到离散切换广义系统，得到了在任意切换律下系统稳定的充分条件，并且给出了建立多Lyapunov函数的方法。最后，用两个例子说明了所提出的结论的有效性。

第4章　切换广义系统的随机控制

4.1　引言

切换系统是一类特殊的混杂控制系统，它由有限个子系统和子系统间的一个切换规律组成。广义系统，又称奇异系统、微分代数系统。从1970年开始，广义系统有了广泛的实践背景，并在理论与应用方面取得了极大的进步。近几年，由于切换系统和广义系统能够描述许多自然现象的动态行为，这两类系统备受关注。这其中包含了设计控制器使得闭环系统稳定的问题。这一问题受到了学者们的关注，并有一些相关文献。

另外，切换线性广义系统是一类重要的切换系统，如电力系统、网络系统等。这类系统是在一系列子系统之间进行切换的。近年来，由于它的理论与实践意义，这类系统越来越受到关注。然而，离散切换广义系统的文献并不多见。其中有两个原因：一个是由于广义系统要同时考虑稳定性、正则性和因果性，所以非常困难；另一个是由于切换的子系统都是离散系统，使得问题更复杂了。文献［132］和［134］分别研究了离散广义系统的能控、能观问题；文献［129］［130］［133］［135］~［138］研究了离散广义系统的稳定性问题；文献［124］［131］［135］给出了设计切换广义系统控制器的设计方法，但是设计的控制器都是变增益控制器（针对每个子系统设计不同的控制器，当条件改变时，控制器也随之改变）。

系统的稳定性，就是系统在受到小的外界扰动后，被调量与规定量之间偏差值的过渡过程的收敛性，稳定性是系统的一个动态属性。在实际控制系统中，不稳定的系统需要设计控制器镇定系统，进而研究其综合与设计问题。对切换广义系统而言，系统的稳定性同样是首先需要研究的问题，是切换广义系统的一个基本问题。无论是研究切换广义系统中的哪个问题，都不可避免地要遇到系统稳定性问题。切换广义系统中要同时考虑切换系统和广义系统的特性，使得系统的稳定性分析相对于传统的控制系统更加复杂。在研究切换广义系统的稳定性时，应该考虑系统中的非理想因素，设计控制策略使系统镇定。

众所周知，对于切换广义系统，传统控制器的设计方法可分为两种类型：共同增益控制器和变增益控制器。共同增益控制器是对于每个子系统设计一个相同的控制器，而变增益控制器是对于每个子系统设计不同的控制器。但是，由于每个不同的子系统要找到共同的控制器是很困难的，所以变增益控制器比共同增益控制器降低了保守性。然而，在许多实际应用中，如网络控制系统中，信号在不稳定的网络中传输，容易发生时滞和丢包。所以，变增益控制器有些理想化，不易实现。由此可见，这两种增益控制器都很极端。

本章考虑上述情况，研究了切换广义系统的一类随机控制器，从而使得闭环系统随机稳定。对于切换广义系统，切换性质和奇异矩阵的存在导致切换矩阵与共同控制器的强耦合，这使得设计控制器非常复杂。为了解决这个问题，本章利用严格的线性矩阵不等式给出了一类随机控制器存在的充分条件。与传统的共同控制器和变控制器相比，这类控制器更容易实现，并且利用实例说明了它的优越性。

4.2 连续切换广义系统的随机控制

4.2.1 问题描述

考虑一类连续切换广义系统

$$\dot{\boldsymbol{E}}_i\boldsymbol{x}(t)=\boldsymbol{A}_i\boldsymbol{x}(t)+\boldsymbol{B}_i\boldsymbol{u}_i(t) \tag{4.1}$$

其中，i: $\{0, 1, \cdots\}\rightarrow\Lambda=\{1, 2, \cdots, N\}$是切换律，$\boldsymbol{x}(k)\in\mathbf{R}^n$是状态向量，$\boldsymbol{u}_i(k)\in\mathbf{R}^m$是第$i$个子系统的控制输入；矩阵$\boldsymbol{E}_i\in\mathbf{R}^{n\times n}$是奇异的，并且$\mathrm{rank}(\boldsymbol{E}_i)=r\leqslant n$；$\boldsymbol{A}_i$和$\boldsymbol{B}_i$是具有适当维数的已知矩阵。

对于连续切换广义系统，传统控制器分为如下两类：

$$\boldsymbol{u}_i(k)=\boldsymbol{K}_i\boldsymbol{x}(t)$$

$$\boldsymbol{u}_i(k)=\boldsymbol{K}\boldsymbol{x}(t)$$

但是这两种控制器都是比较极端的。本节设计了一类随机控制器：

$$\boldsymbol{u}(t)=\big(\alpha(t)\boldsymbol{K}_i+\boldsymbol{K}\big)\boldsymbol{x}(t) \tag{4.2}$$

其中，$\boldsymbol{K}_i$和$\boldsymbol{K}$是待定的控制增益，$\alpha(t)$是满足伯努利过程的指标函数：

$$\alpha(t)=\begin{cases}1, & \text{若子系统被成功地激活}\\ 0, & \text{其他}\end{cases} \tag{4.3}$$

从而有

$$\left.\begin{aligned} &Pr\{\alpha(t)=1\}=\varepsilon(\alpha(t))=\alpha \\ &Pr\{\alpha(t)=0\}=1-\alpha \end{aligned}\right\} \tag{4.4}$$

另外，很容易证得

$$\varepsilon((\alpha(k)-\alpha))=0 \tag{4.5}$$

注1　本节中引入伯努利变量 $\alpha(t)$ 来表示连续切换广义系统的子系统被激活的可能性。这是首次在连续切换广义系统的镇定问题中引入 $\alpha(t)$ 。文献［29］、［30］中引用过 $\alpha(t)$ ，相比之下，由于本节中的模型是多子系统的，所以应用更复杂。另外，控制器（4.2）比两个传统控制器降低了保守性，并且有着更广泛的应用领域，这一优越性在下面的例子中可见。

注2　与传统的控制器的设计方法相比，控制器（4.2）更优越。由于设计共同控制器时需要找到一个共同的控制器满足每个子系统，这个可行解的解集比由控制器（4.2）所得到的要小很多。当没有共同控制器时，可能找到有效的形如控制器（4.2）的控制器。从这个意义上看，共同控制器的设计方法是过渡设计，并且具有很高的保守性。

在系统（4.1）中应用控制器（4.2），可以得到如下连续闭环切换广义系统：

$$\boldsymbol{E}_1\dot{\boldsymbol{x}}(t)=\tilde{\boldsymbol{A}}\boldsymbol{x}(t)+(\alpha(t)-\alpha)\hat{\boldsymbol{A}}\boldsymbol{x}(t) \tag{4.6}$$

其中

$$\tilde{\boldsymbol{A}}_i=[\boldsymbol{A}_i+\boldsymbol{B}_i(\alpha(t)\boldsymbol{K}_i+\boldsymbol{K})],\quad \hat{\boldsymbol{A}}_i=\boldsymbol{B}_i\boldsymbol{K}_i \tag{4.7}$$

令

$$\bar{\boldsymbol{A}}_i=[\boldsymbol{A}_i+\boldsymbol{B}_i(\alpha\boldsymbol{K}_i+\boldsymbol{K})] \tag{4.8}$$

定义4.1　有限或可数时间与激活子系统的集合成为切换序列，即 $\{(\tau_0, i_0), (\tau_1, i_1), \cdots, (\tau_s, i_s)\}$ ， $\tau_0<\tau_1<\cdots<\tau_s\leqslant\infty$ ， $i_j\in(1,\ 2,\ \cdots,\ N)$ ， $j=1,\ 2,\ \cdots,\ n$ 。

定义4.2　考虑系统（4.6）：

① 对于给定的 $i\in\Lambda$ ，若存在常量 $s\in\mathbf{C}$ 使得 $\det(s\boldsymbol{E}_i-\tilde{\boldsymbol{A}}_i)\neq 0$ ，则称矩阵对 $(\boldsymbol{E}_i, \tilde{\boldsymbol{A}}_i)$ 是正则的。

若每对 $(\boldsymbol{E}_i, \tilde{\boldsymbol{A}}_i)(i\in\Lambda)$ 都正则，则称连续切换广义系统（4.6）是正则的。

② 对于给定的 $i\in\Lambda$ ，若存在常量 $s\in\mathbf{C}$ 使得 $\deg(\det(s\boldsymbol{E}_i-\tilde{\boldsymbol{A}}_i))=\mathrm{rank}(\boldsymbol{E}_i)$，则称矩阵对 $(\boldsymbol{E}_i, \tilde{\boldsymbol{A}}_i)$ 是因果的。

若每对 $(\boldsymbol{E}_i, \tilde{\boldsymbol{A}}_i)(i\in\Lambda)$ 都是因果的，则称连续切换广义系统（4.6）是因果的。

定义4.3 考虑系统（4.6）：

① 若存在对称矩阵$\boldsymbol{V}_i>0$和相应的切换律，使得

$$\varepsilon\left(\dot{\boldsymbol{V}}_i\left(\boldsymbol{E}_i\boldsymbol{x}(t)\right)\right)<0$$

则连续切换系统（4.6）随机稳定。

② 若连续切换系统（4.6）正则、因果和随机稳定，则系统（4.6）是随机容许的。

假设4.1 对于任意的$i\in\Lambda$，$\boldsymbol{N}(\boldsymbol{E}_i)$是相同的。

引理4.1 令$\bar{\boldsymbol{P}}_i\in\mathbf{R}^{n\times n}$是对称矩阵，使得$\boldsymbol{E}_L^{\mathrm{T}}\bar{\boldsymbol{P}}_i\boldsymbol{E}_L>0$，并且对于任意的$i\in\Lambda$都有$\bar{\boldsymbol{Q}}_i\in\mathbf{R}^{(n-r)\times(n-r)}$是可逆的，则有

$$\left(\bar{\boldsymbol{P}}_i\boldsymbol{E}+\boldsymbol{U}^{\mathrm{T}}\bar{\boldsymbol{Q}}_i\boldsymbol{V}^{\mathrm{T}}\right)^{-1}=\hat{\boldsymbol{P}}_i\boldsymbol{E}^{\mathrm{T}}+\boldsymbol{V}\hat{\boldsymbol{Q}}_i\boldsymbol{U} \tag{4.9}$$

其中，$\bar{\boldsymbol{P}}_i\in\mathbf{R}^{n\times n}$，$\bar{\boldsymbol{Q}}_i\in\mathbf{R}^{(n-r)\times(n-r)}$是可逆矩阵，使得

$$\left.\begin{aligned}&\boldsymbol{E}_R^{\mathrm{T}}\hat{\boldsymbol{P}}_i\boldsymbol{E}_R=\left(\boldsymbol{E}_L^{\mathrm{T}}\bar{\boldsymbol{P}}_i\boldsymbol{E}_L\right)^{-1}\\&\hat{\boldsymbol{Q}}_i=\left(\boldsymbol{V}^{\mathrm{T}}\boldsymbol{V}\right)^{-1}\bar{\boldsymbol{Q}}_i^{-1}\left(\boldsymbol{U}\boldsymbol{U}^{\mathrm{T}}\right)^{-1}\end{aligned}\right\} \tag{4.10}$$

式中，$\boldsymbol{U}\in\mathbf{R}^{(n-r)\times n}$是任一行满秩矩阵并且满足$\boldsymbol{UE}=\boldsymbol{O}$，$\boldsymbol{V}\in\mathbf{R}^{n\times(n-r)}$是任一列满秩矩阵并且满足$\boldsymbol{EV}=\boldsymbol{O}$。矩阵$\boldsymbol{E}$被分解为$\boldsymbol{E}=\boldsymbol{E}_L\boldsymbol{E}_R^{\mathrm{T}}$，其中，$\boldsymbol{E}_L\in\mathbf{R}^{n\times r}$，$\boldsymbol{E}_R\in\mathbf{R}^{n\times r}$是列满秩矩阵。

4.2.2 随机控制的分析与设计

定理4.1 如果假设4.1成立，存在对称矩阵$\boldsymbol{V}_i>0$，使得对于所有的$i\in\Lambda$，下列矩阵不等式都成立，那么，存在控制器（4.2）使得闭环系统（4.6）随机容许。

$$\boldsymbol{E}_i^{\mathrm{T}}\boldsymbol{V}_i=\boldsymbol{V}_i^{\mathrm{T}}\boldsymbol{E}_i\geqslant 0 \tag{4.11}$$

$$\bar{\boldsymbol{A}}_i^{\mathrm{T}}\boldsymbol{V}_i+\boldsymbol{V}_i^{\mathrm{T}}\bar{\boldsymbol{A}}_i<0 \tag{4.12}$$

证明 首先，证明连续切换广义系统（4.6）是正则的、无脉冲的。

由文献［135］知，总存在非奇异矩阵$\boldsymbol{M}_i$和$\boldsymbol{N}$，使得

$$\left.\begin{aligned}&\boldsymbol{M}_i\boldsymbol{E}_i\boldsymbol{N}=\begin{bmatrix}\boldsymbol{I}&\boldsymbol{O}\\\boldsymbol{O}&\boldsymbol{O}\end{bmatrix}\\&\boldsymbol{M}_i\bar{\boldsymbol{A}}_i\boldsymbol{N}=\begin{bmatrix}\hat{\boldsymbol{A}}_{i1}&\hat{\boldsymbol{A}}_{i2}\\\hat{\boldsymbol{A}}_{i3}&\hat{\boldsymbol{A}}_{i4}\end{bmatrix}\\&\boldsymbol{M}_i^{-\mathrm{T}}\boldsymbol{V}_i\boldsymbol{M}^{-1}=\begin{bmatrix}\boldsymbol{V}_{i1}&\boldsymbol{V}_{i2}\\\boldsymbol{V}_{i2}^{\mathrm{T}}&\boldsymbol{V}_{i4}\end{bmatrix}\end{aligned}\right\} \tag{4.13}$$

对式（4.11）左乘$\boldsymbol{N}^{\mathrm{T}}$、右边乘上$\boldsymbol{N}$，则有$\boldsymbol{N}^{\mathrm{T}}\boldsymbol{E}_i^{\mathrm{T}}\boldsymbol{M}_i^{\mathrm{T}}\boldsymbol{M}_i^{-\mathrm{T}}\boldsymbol{V}_i\boldsymbol{N}=\boldsymbol{N}^{\mathrm{T}}\boldsymbol{P}_i^{\mathrm{T}}\boldsymbol{M}_i^{-1}\boldsymbol{M}_i\boldsymbol{E}_i\boldsymbol{N}$，从而可知$\boldsymbol{V}_{i2}=\boldsymbol{O}$。同样，在式（4.12）的左边乘上$\boldsymbol{N}^{\mathrm{T}}$、右边乘上$\boldsymbol{N}$，则有

$$\begin{bmatrix} * & * \\ * & \boldsymbol{H}+\boldsymbol{H}^{\mathrm{T}} \end{bmatrix}<0 \tag{4.14}$$

其中

$$\boldsymbol{H}=\hat{\boldsymbol{A}}_{i2}^{\mathrm{T}}\boldsymbol{V}_{i2}+\hat{\boldsymbol{A}}_{i4}^{\mathrm{T}}\boldsymbol{V}_{i4} \tag{4.15}$$

“*”是在式（4.15）中不用的项。再由式（4.15）和$\boldsymbol{V}_{i2}=\boldsymbol{O}$，可得

$$\hat{\boldsymbol{A}}_{i4}^{\mathrm{T}}\boldsymbol{V}_{i4}+\boldsymbol{V}_{i4}^{\mathrm{T}}\hat{\boldsymbol{A}}_{i4}<0 \tag{4.16}$$

从而可知$\hat{\boldsymbol{A}}_{i4}$是可逆的。所以，对于任意的$i\in\Lambda$，矩阵对$(\boldsymbol{E}_i,\bar{\boldsymbol{A}}_i)$是正则的、无脉冲的。

由不等式（4.12）可知

$$\begin{aligned}
&\varepsilon(\dot{V}(t))=\dot{\boldsymbol{x}}^{\mathrm{T}}(t)\boldsymbol{E}_i^{\mathrm{T}}\boldsymbol{V}_i\boldsymbol{x}(t)+\boldsymbol{x}^{\mathrm{T}}(t)\boldsymbol{V}_i^{\mathrm{T}}\boldsymbol{E}_i\dot{\boldsymbol{x}}(t)\\
&=\boldsymbol{x}^{\mathrm{T}}(t)\boldsymbol{A}_i^{\mathrm{T}}\boldsymbol{V}_i\boldsymbol{x}(t)+(1-\alpha(t))\boldsymbol{x}^{\mathrm{T}}(t)\boldsymbol{K}^{\mathrm{T}}\boldsymbol{B}_i^{\mathrm{T}}\boldsymbol{V}_i\boldsymbol{x}(t)+\alpha\boldsymbol{x}^{\mathrm{T}}(t)\boldsymbol{K}_i^{\mathrm{T}}\boldsymbol{B}_i^{\mathrm{T}}\boldsymbol{x}(t)+\\
&(\alpha(t)-\alpha)\boldsymbol{x}^{\mathrm{T}}(t)\boldsymbol{K}_i^{\mathrm{T}}\boldsymbol{B}_i^{\mathrm{T}}\boldsymbol{V}_i\boldsymbol{x}(t)+\boldsymbol{x}^{\mathrm{T}}(t)\boldsymbol{V}_i^{\mathrm{T}}\boldsymbol{A}_i\boldsymbol{x}(t)+(1-\alpha(t))\boldsymbol{x}^{\mathrm{T}}(t)\boldsymbol{V}_i^{\mathrm{T}}\boldsymbol{B}_i\boldsymbol{K}\boldsymbol{x}(t)+\\
&\alpha\boldsymbol{x}^{\mathrm{T}}(t)\boldsymbol{V}_i^{\mathrm{T}}\boldsymbol{B}_i\boldsymbol{K}_i\boldsymbol{x}(t)+(\alpha(t)-\alpha)\boldsymbol{x}^{\mathrm{T}}(t)\boldsymbol{V}_i^{\mathrm{T}}\boldsymbol{B}_i\boldsymbol{K}_i\boldsymbol{x}(t)\\
&=\boldsymbol{x}^{\mathrm{T}}(t)\boldsymbol{A}_i^{\mathrm{T}}\boldsymbol{V}_i\boldsymbol{x}(t)+(1-\alpha)\boldsymbol{x}^{\mathrm{T}}(t)\boldsymbol{K}^{\mathrm{T}}\boldsymbol{B}_i^{\mathrm{T}}\boldsymbol{V}_i\boldsymbol{x}(t)+\alpha\boldsymbol{x}^{\mathrm{T}}(t)\boldsymbol{K}_i^{\mathrm{T}}\boldsymbol{B}_i^{\mathrm{T}}\boldsymbol{V}_i\boldsymbol{x}(t)\boldsymbol{x}^{\mathrm{T}}(t)\boldsymbol{V}_i^{\mathrm{T}}\boldsymbol{A}_i\boldsymbol{x}(t)+\\
&(1-\alpha)\boldsymbol{x}^{\mathrm{T}}(t)\boldsymbol{V}_i^{\mathrm{T}}\boldsymbol{B}_i\boldsymbol{K}\boldsymbol{x}(t)+\alpha\boldsymbol{x}^{\mathrm{T}}(t)\boldsymbol{V}_i^{\mathrm{T}}\boldsymbol{B}_i\boldsymbol{K}_i\boldsymbol{x}(t)\\
&<0
\end{aligned} \tag{4.17}$$

即

$$\begin{aligned}
&\dot{V}(t)=\dot{\boldsymbol{x}}^{\mathrm{T}}(t)\boldsymbol{E}_i^{\mathrm{T}}\boldsymbol{V}_i\boldsymbol{x}(t)+\boldsymbol{x}^{\mathrm{T}}(t)\boldsymbol{V}_i^{\mathrm{T}}\boldsymbol{E}_i\dot{\boldsymbol{x}}(t)\\
&=\left\{\boldsymbol{x}^{\mathrm{T}}(t)\left\{\boldsymbol{A}_i^{\mathrm{T}}+\left[(1-\alpha(t))\boldsymbol{K}^{\mathrm{T}}+\alpha\boldsymbol{K}_i^{\mathrm{T}}\right]\boldsymbol{B}_i^{\mathrm{T}}\right\}+(\alpha(t)-\alpha)\boldsymbol{x}^{\mathrm{T}}(t)\boldsymbol{K}_i^{\mathrm{T}}\boldsymbol{B}_i^{\mathrm{T}}\right\}\boldsymbol{V}_i\boldsymbol{x}(t)+\\
&\boldsymbol{x}^{\mathrm{T}}(t)\boldsymbol{V}_i^{\mathrm{T}}\left\{\left\{\boldsymbol{A}_i+\boldsymbol{B}_i\left[(1-\alpha(t))\boldsymbol{K}+\alpha\boldsymbol{K}_i\right]\right\}\boldsymbol{x}(t)+(\alpha(t)-\alpha)\boldsymbol{B}_i\boldsymbol{K}_i\boldsymbol{x}(t)\right\}\\
&=\boldsymbol{x}^{\mathrm{T}}(t)\left\{\boldsymbol{A}_i^{\mathrm{T}}+\left[(1-\alpha(t))\boldsymbol{K}^{\mathrm{T}}+\alpha\boldsymbol{K}_i^{\mathrm{T}}\right]\boldsymbol{B}_i^{\mathrm{T}}\right\}\boldsymbol{V}_i\boldsymbol{x}(t)+(\alpha(t)-\alpha)\boldsymbol{x}^{\mathrm{T}}(t)\boldsymbol{K}_i^{\mathrm{T}}\boldsymbol{B}_i^{\mathrm{T}}\boldsymbol{V}_i\boldsymbol{x}(t)+\\
&\boldsymbol{x}^{\mathrm{T}}(t)\boldsymbol{V}_i^{\mathrm{T}}\left\{\boldsymbol{A}_i+\boldsymbol{B}_i[1-\alpha(t)]\boldsymbol{K}+\alpha\boldsymbol{K}_i\right\}\boldsymbol{x}(t)+\boldsymbol{x}^{\mathrm{T}}(t)\boldsymbol{V}_i^{\mathrm{T}}(\alpha(t)-\alpha)\boldsymbol{B}_i\boldsymbol{K}_i\boldsymbol{x}(t)\\
&=\boldsymbol{x}^{\mathrm{T}}(t)\boldsymbol{A}_i^{\mathrm{T}}\boldsymbol{V}_i\boldsymbol{x}(t)+\boldsymbol{x}^{\mathrm{T}}(t)(1-\boldsymbol{\alpha}(t))\boldsymbol{K}^{\mathrm{T}}\boldsymbol{B}_i^{\mathrm{T}}\boldsymbol{V}_i\boldsymbol{x}(t)+\boldsymbol{x}^{\mathrm{T}}(t)\alpha\boldsymbol{K}_i^{\mathrm{T}}\boldsymbol{B}_i^{\mathrm{T}}\boldsymbol{V}_i\boldsymbol{x}(t)+\\
&(\alpha(t)-\alpha)\boldsymbol{x}^{\mathrm{T}}(t)\boldsymbol{K}_i^{\mathrm{T}}\boldsymbol{B}_i^{\mathrm{T}}\boldsymbol{V}_i\boldsymbol{x}(t)+\boldsymbol{x}^{\mathrm{T}}(t)\boldsymbol{V}_i^{\mathrm{T}}\boldsymbol{A}_i\boldsymbol{x}(t)+\boldsymbol{x}^{\mathrm{T}}(t)\boldsymbol{V}_i^{\mathrm{T}}\boldsymbol{B}_i(1-\alpha(t))\boldsymbol{K}\boldsymbol{x}(t)+\\
&\boldsymbol{x}^{\mathrm{T}}(t)\boldsymbol{V}_i^{\mathrm{T}}\boldsymbol{B}_i\alpha\boldsymbol{K}_i\boldsymbol{x}(t)+\boldsymbol{x}^{T}(t)\boldsymbol{V}_i^{\mathrm{T}}(\alpha(t)-\alpha)\boldsymbol{B}_i\boldsymbol{K}_i\boldsymbol{x}(t)\\
&=\boldsymbol{x}^{\mathrm{T}}(t)\boldsymbol{A}_i^{\mathrm{T}}\boldsymbol{V}_i\boldsymbol{x}(t)+(1-\alpha(t))\boldsymbol{x}^{\mathrm{T}}(t)\boldsymbol{K}^{\mathrm{T}}\boldsymbol{B}_i^{\mathrm{T}}\boldsymbol{V}_i\boldsymbol{x}(t)+a\boldsymbol{x}^{\mathrm{T}}(t)\boldsymbol{K}_i^{\mathrm{T}}\boldsymbol{B}_i^{\mathrm{T}}\boldsymbol{V}_i\boldsymbol{x}(t)+\\
&(\alpha(t)-\alpha)\boldsymbol{x}^{\mathrm{T}}(t)\boldsymbol{K}_i^{\mathrm{T}}\boldsymbol{B}_i^{\mathrm{T}}\boldsymbol{V}_i\boldsymbol{x}(t)+\boldsymbol{x}^{\mathrm{T}}(t)\boldsymbol{V}_i^{\mathrm{T}}\boldsymbol{A}_i\boldsymbol{x}(t)+(1-\alpha(t))\boldsymbol{x}^{\mathrm{T}}(t)\boldsymbol{V}_i^{\mathrm{T}}\boldsymbol{B}_i\boldsymbol{K}\boldsymbol{x}(t)+\\
&\alpha\boldsymbol{x}^{\mathrm{T}}(t)\boldsymbol{V}_i^{\mathrm{T}}\boldsymbol{B}_i\boldsymbol{K}_i\boldsymbol{x}(t)+(\alpha(t)-\alpha)\boldsymbol{x}^{\mathrm{T}}(t)\boldsymbol{V}_i^{\mathrm{T}}\boldsymbol{B}_i\boldsymbol{K}_i\boldsymbol{x}(t)\\
&<0
\end{aligned} \tag{4.18}$$

因此，存在形如式（4.2）的控制器使得系统（4.6）随机容许。证毕。

定理4.1给出了连续切换广义系统（4.6）在控制器（4.2）下稳定的充分条件。下面利用Shur补引理，给出控制器的具体形式。

定理4.2 如果假设4.1成立，存在矩阵$\boldsymbol{Q}>0$、$\boldsymbol{Z}>0$和对称矩阵$\boldsymbol{V}_i>0$，使得对于任意的$i\in\Lambda$下列矩阵不等式都成立，那么，存在形如式（4.2）的控制器，使得闭环系统（4.6）在任意切换律下随机容许。

$$\boldsymbol{E}_i^{\mathrm{T}}\boldsymbol{V}_i=\boldsymbol{V}_i^{\mathrm{T}}\boldsymbol{E}_i\geqslant 0 \tag{4.19}$$

$$\begin{bmatrix}\bar{\boldsymbol{A}}_i^{\mathrm{T}}\boldsymbol{V}_i+\boldsymbol{V}_i^{\mathrm{T}}\bar{\boldsymbol{A}}_i+\boldsymbol{Q}-\boldsymbol{E}_i^{\mathrm{T}}\boldsymbol{Z}\boldsymbol{E}_i & \boldsymbol{E}_i^{\mathrm{T}}\boldsymbol{Z}\boldsymbol{E}_i & \boldsymbol{O}\\ \boldsymbol{E}_i^{\mathrm{T}}\boldsymbol{Z}\boldsymbol{E}_i & -\boldsymbol{Q}-\boldsymbol{E}_i^{\mathrm{T}}\boldsymbol{Z}\boldsymbol{E}_i & \boldsymbol{O}\\ \boldsymbol{O} & \boldsymbol{O} & -\boldsymbol{Z}^{-1}\end{bmatrix}<0 \tag{4.20}$$

证明 首先，证明连续切换广义系统（4.6）是正则的、无脉冲的。

由（4.20）可得

$$\bar{\boldsymbol{A}}_i^{\mathrm{T}}\boldsymbol{V}_i+\boldsymbol{V}_i^{\mathrm{T}}\bar{\boldsymbol{A}}_i+\boldsymbol{Q}-\boldsymbol{E}_i^{\mathrm{T}}\boldsymbol{Z}\boldsymbol{E}_i<0 \tag{4.21}$$

由文献［135］知，总存在非奇异矩阵$\boldsymbol{M}_i$和$\boldsymbol{N}$，使得

$$\left.\begin{aligned}\boldsymbol{M}_i\boldsymbol{E}_i\boldsymbol{N}&=\begin{bmatrix}\boldsymbol{I}&\boldsymbol{O}\\\boldsymbol{O}&\boldsymbol{O}\end{bmatrix}\\ \boldsymbol{M}_i\bar{\boldsymbol{A}}_i\boldsymbol{N}&=\begin{bmatrix}\hat{\boldsymbol{A}}_{i1}&\hat{\boldsymbol{A}}_{i2}\\\hat{\boldsymbol{A}}_{i3}&\hat{\boldsymbol{A}}_{i4}\end{bmatrix}\\ \boldsymbol{M}_i^{-\mathrm{T}}\boldsymbol{V}_i\boldsymbol{M}^{-1}&=\begin{bmatrix}\boldsymbol{V}_{i1}&\boldsymbol{V}_{i2}\\\boldsymbol{V}_{i2}^{\mathrm{T}}&\boldsymbol{V}_{i4}\end{bmatrix}\end{aligned}\right\} \tag{4.22}$$

对式（4.19）左乘$\boldsymbol{N}^{\mathrm{T}}$再右乘$\boldsymbol{N}$，则有$\boldsymbol{N}^{\mathrm{T}}\boldsymbol{E}_i^{\mathrm{T}}\boldsymbol{M}_i^{\mathrm{T}}\boldsymbol{M}_i^{-\mathrm{T}}\boldsymbol{V}_i\boldsymbol{N}=\boldsymbol{N}^{\mathrm{T}}\boldsymbol{P}_i^{\mathrm{T}}\boldsymbol{M}_i^{-1}\boldsymbol{M}_i\boldsymbol{E}_i\boldsymbol{N}$，从而可知$V_{i2}=\boldsymbol{O}$。同样，在式（4.21）的左边乘上$\boldsymbol{N}^{\mathrm{T}}$、右边乘上$\boldsymbol{N}$，则有

$$\begin{bmatrix}* & *\\ * & \boldsymbol{H}+\boldsymbol{H}^{\mathrm{T}}+\hat{\boldsymbol{Q}}_3\end{bmatrix}<0 \tag{4.23}$$

其中

$$\boldsymbol{H}=\hat{\boldsymbol{A}}_{i2}^{\mathrm{T}}\boldsymbol{V}_{i2}+\hat{\boldsymbol{A}}_{i4}^{\mathrm{T}}\boldsymbol{V}_{i4} \tag{4.24}$$

“*”是在式（4.24）中不用的项。并且

$$\boldsymbol{N}^{\mathrm{T}}\boldsymbol{Q}\boldsymbol{N}=\begin{bmatrix}\hat{\boldsymbol{Q}}_1&\hat{\boldsymbol{Q}}_2\\\hat{\boldsymbol{Q}}_2^{\mathrm{T}}&\hat{\boldsymbol{Q}}_3\end{bmatrix}>0 \tag{4.25}$$

再由式（4.23）和$\boldsymbol{V}_{i2}=\boldsymbol{O}$，得

$$\hat{\boldsymbol{A}}_{i4}^{\mathrm{T}}\boldsymbol{V}_{i4}+\boldsymbol{V}_{i4}^{\mathrm{T}}\hat{\boldsymbol{A}}_{i4}<0 \tag{4.26}$$

从而可知$\hat{\boldsymbol{A}}_{i4}$是可逆的。所以，对于任意的$i\in\Lambda$，矩阵对$\left(\boldsymbol{E}_i,\bar{\boldsymbol{A}}_i\right)$是正则的、无脉冲的。

下面来证明系统的随机稳定性。

由于式（4.20）成立，则有下列不等式成立：

$$\begin{bmatrix} I \\ I \\ O \end{bmatrix}^{\mathrm{T}} \begin{bmatrix} \bar{A}_i^{\mathrm{T}} V_i + V_i^{\mathrm{T}} \bar{A}_i + Q - E_i^{\mathrm{T}} Z E_i & E_i^{\mathrm{T}} Z E_i & O \\ E_i^{\mathrm{T}} Z E_i & -Q - E_i^{\mathrm{T}} Z E_i & O \\ O & O & -Z^{-1} \end{bmatrix} \begin{bmatrix} I \\ I \\ O \end{bmatrix} < 0 \tag{4.27}$$

即有

$$\bar{A}_i^{\mathrm{T}} V_i + V_i^{\mathrm{T}} \bar{A}_i < 0 \tag{4.28}$$

因此由定理4.1可知系统（4.6）是随机稳定的。证毕。

定理4.3　如果假设4.1成立，并且存在矩阵X_i，G_i，Z_i，$Q>0$，$Z>0$，使得对于任意的i，下列矩阵不等式成立，那么系统（4.6）在给定的控制器（4.2）下是随机稳定的。

$$X_i^{\mathrm{T}} E_i^{\mathrm{T}} = E_i X_i \geqslant 0 \tag{4.29}$$

$$\begin{bmatrix} (G_i^{\mathrm{T}} \bar{A}_i^{\mathrm{T}})^* + X_i^{\mathrm{T}}(Q - E_i^{\mathrm{T}} Z E_i) X_i & \bar{A}_i \bar{Z}_i + X_i^{\mathrm{T}} - G_i^{\mathrm{T}} & X_i^{\mathrm{T}} E_i^{\mathrm{T}} Z E_i X_i & O \\ \# & -(Z_i)^* & O & O \\ \# & \# & -X_i^{\mathrm{T}}(Q + E_i^{\mathrm{T}} Z E_i) X_i & O \\ \# & \# & \# & -Z^{-1} \end{bmatrix} < 0 \tag{4.30}$$

证明　令$X_i = V_i^{-1}$，式（4.20）左乘$\mathrm{diag}\{X_i^{\mathrm{T}}, X_i^{\mathrm{T}}, I\}$并右乘其转置，式（4.19）左乘$X_i^{\mathrm{T}}$、右乘$X_i$，从而得到

$$X_i^{\mathrm{T}} E_i^{\mathrm{T}} = E_i X_i \geqslant 0 \tag{4.31}$$

$$\begin{bmatrix} X_i^{\mathrm{T}}(\bar{A}_i^{\mathrm{T}} V_i + V_i^{\mathrm{T}} \bar{A}_i + Q - E_i^{\mathrm{T}} Z E_i) X_i & X_i^{\mathrm{T}} E_i^{\mathrm{T}} Z E_i X_i & O \\ X_i^{\mathrm{T}} E_i^{\mathrm{T}} Z E_i X_i & X_i^{\mathrm{T}}(-Q - E_i^{\mathrm{T}} Z E_i) X_i & O \\ O & O & -Z^{-1} \end{bmatrix} < 0 \tag{4.32}$$

一方面，令

$$S = \begin{bmatrix} I & \bar{A}_i & O & O \\ O & O & I & O \\ O & O & O & I \end{bmatrix} \tag{4.33}$$

式（4.30）左乘矩阵S，右乘S^{T}，很容易得到式（4.32）。

另一方面，由于式（4.32）成立，总存在任意小量$\varepsilon_i > 0$使得

$$\begin{bmatrix} X_i^{\mathrm{T}}(\bar{A}_i^{\mathrm{T}}V_i+V_i^{\mathrm{T}}\bar{A}_i+Q-E_i^{\mathrm{T}}ZE_i)X_i & X_i^{\mathrm{T}}E_i^{\mathrm{T}}ZE_iX_i & O \\ X_i^{\mathrm{T}}E_i^{\mathrm{T}}ZE_iX_i & X_i^{\mathrm{T}}(-Q-E_i^{\mathrm{T}}ZE_i)X_i & O \\ O & O & -Z^{-1} \end{bmatrix}+\begin{bmatrix} \bar{A}_i \\ O \\ O \end{bmatrix}\frac{\varepsilon_i}{2}\begin{bmatrix} \bar{A}_i \\ O \\ O \end{bmatrix}^{\mathrm{T}}<0 \tag{4.34}$$

令$\varepsilon_i I=Z_i$，$X_i=G_i$，再由合同变换可得到式（4.30）。证毕。

注3 定理4.3等价于定理4.2，然而定理4.3中系统矩阵 $\bar{A}_i$ 与Lyapunov函数矩阵V_i分离开，从而可以分别求解。但是在定理4.3中仍然存在着一些计算的问题，例如约束条件（4.29）和非线性项 $X_i^{\mathrm{T}}QX_i$，$X_i^{\mathrm{T}}E_i^{\mathrm{T}}ZE_iX_i$。由于存在奇异矩阵$E_i$，所以无法利用Schur补引理，因此为了建立严格的线性矩阵不等式，需要对定理4.3的条件进一步进行研究。

定理4.4 如果假设4.1成立，并且存在矩阵G，$\hat{P}_i$，$\hat{Q}_i$，$\hat{Q}>0$，$\hat{Z}>0$，Y_i和Y，使得对于任意的i，下列矩阵不等式成立，那么系统（4.6）在给定的控制器（4.2）下是随机稳定的。

$$\begin{bmatrix} (\bar{A}_iG+F_i(\alpha Y_i+Y)-E_i\hat{P}_iE_i^{\mathrm{T}})^*+\hat{Z} & \bar{A}_iG+F_i(\alpha Y_i+Y)+E_i\hat{P}_i^{\mathrm{T}}+U^{\mathrm{T}}\hat{Q}_iV^{\mathrm{T}}-G^{\mathrm{T}} & (E_i\hat{P}_iE_i^{\mathrm{T}})^*+\hat{Z} & X_i^{\mathrm{T}} & O \\ \# & (G)^* & O & O & O \\ \# & \# & -(\hat{P}_iE_i^{\mathrm{T}}+V\hat{Q}_iU+E_i\hat{P}_iE_i^{\mathrm{T}})^*+\hat{Q}+\hat{Z} & O & O \\ \# & \# & \# & O & O \\ \# & \# & \# & -\hat{Q} & -Z^{-1} \end{bmatrix}<0 \tag{4.35}$$

进而，所求的控制器为

$$K_i=-Y_iG^{-1} \tag{4.36a}$$

$$K=-YG^{-1} \tag{4.36b}$$

证明 令 $P_i\triangleq\bar{P}_iE_i+U^{\mathrm{T}}\hat{Q}_iV^{\mathrm{T}}$，其中，$\bar{P}_i>0$，$\hat{Q}_i$是可逆矩阵，并且有 (4.37)

$$E_i^{\mathrm{T}}P_i=P_i^{\mathrm{T}}E_i=E_i^{\mathrm{T}}\bar{P}_iE_i \tag{4.38}$$

由 $\bar{P}_i>0$，$\hat{Q}_i$ 是可逆矩阵，可得到 $E_L^{\mathrm{T}}\bar{P}_iE_L>0$。从而，由引理4.1可得

$$X_i\triangleq(\bar{P}_iE_i+U^{\mathrm{T}}\bar{Q}_iV^{\mathrm{T}})^{-1}=\hat{P}_iE_i^{\mathrm{T}}+V\hat{Q}_iU \tag{4.39}$$

其中，$\hat{P}_i$, $\hat{Q}_i$ 如引理4.1中的定义。如果令定理4.3中的$G_i=G$，$Z_i=G$，P_i和X_i由式（4.37）和式（4.39）替换，则有

$$\begin{bmatrix} \left(G^{\mathrm{T}}\bar{A}_i^{\mathrm{T}}\right)^* + X_i^{\mathrm{T}}\left(Q - E_i^{\mathrm{T}}ZE_i\right)X_i & \bar{A}_iG + X_i^{\mathrm{T}} - G^{\mathrm{T}} & X_i^{\mathrm{T}}E_i^{\mathrm{T}}ZE_iX_i & O \\ \# & -(G)^* & O & O \\ \# & \# & -X_i^{\mathrm{T}}\left(Q + E_i^{\mathrm{T}}ZE_i\right)X_i & O \\ \# & \# & \# & -Z^{-1} \end{bmatrix} < 0 \tag{4.40}$$

对于非线性项 $X_i^{\mathrm{T}}QX_i$， $X_i^{\mathrm{T}}E_i^{\mathrm{T}}ZE_iX_i$ 做如下处理：

令 $\hat{Q} = Q^{-1}$， $\hat{Z} = Z^{-1}$，有

$$-X_i^{\mathrm{T}}QX_i \leqslant -(X_i)^* + \hat{Q} \tag{4.41}$$

$$-X_i^{\mathrm{T}}E_i^{\mathrm{T}}ZE_iX_i \leqslant -(E_iX_i)^* + \hat{Z} \tag{4.42}$$

$$\begin{bmatrix} -X_i^{\mathrm{T}}E_i^{\mathrm{T}}ZE_iX_i & X_i^{\mathrm{T}}E_i^{\mathrm{T}}ZE_iX_i \\ X_i^{\mathrm{T}}E_i^{\mathrm{T}}ZE_iX_i & -X_i^{\mathrm{T}}E_i^{\mathrm{T}}ZE_iX_i \end{bmatrix} = \begin{bmatrix} I \\ -I \end{bmatrix}\left(-X_i^{\mathrm{T}}E_i^{\mathrm{T}}ZE_iX_i\right)[I \ \ -I] \leqslant \begin{bmatrix} I \\ -I \end{bmatrix}\left(-(E_iX_i)^* + \hat{Z}\right)[I \ \ -I] \tag{4.43}$$

再由Schur补引理及式（4.41）~式（4.43）可推得式（4.35）。证毕

推论 4.1　如果假设4.1成立，并且存在矩阵 G， $\hat{P}_i$， $\hat{Q}_i$， $\hat{Q}>0$， $\hat{Z}>0$， Y_i和Y使得对于任意的i，下列矩阵不等式成立，那么系统（4.6）在给定的控制器 $u_i(k) = Kx(t)$ 下是随机稳定的。

$$\begin{bmatrix} \begin{matrix}\left(\bar{A}_iG + F_iY - \right. \\ \left. E_i\hat{P}_iE_i^{\mathrm{T}}\right)^* + \hat{Z}\end{matrix} & \begin{matrix}\bar{A}_iG + F_{ii} + Y + E_i\hat{P}_i^{\mathrm{T}} + \\ U^{\mathrm{T}}\hat{Q}_iV^{\mathrm{T}} - G^{\mathrm{T}}\end{matrix} & \left(E_i\hat{P}_iE_i^{\mathrm{T}}\right) + \hat{Z} & X_i^{\mathrm{T}} & O \\ \# & -(G)^* & O & O & O \\ \# & \# & \begin{matrix}-\left(\hat{P}_iE_i^{\mathrm{T}} + V\hat{Q}_iU + E_i\hat{P}_iE_i^{\mathrm{T}}\right)^* + \\ \hat{Q} + \hat{Z}\end{matrix} & O & O \\ \# & \# & \# & O & O \\ \# & \# & \# & -\hat{Q} & -Z^{-1} \end{bmatrix} < 0 \tag{4.44}$$

进而，所求的控制器为

$$K = -YG^{-1} \tag{4.45}$$

推论 4.2　如果假设4.1成立，并且存在矩阵 G， $\hat{P}_i$， $\hat{Q}_i$， $\hat{Q}>0$， $\hat{Z}>0$， Y_i和Y使得对于任意的i，下列矩阵不等式成立，那么系统（4.6）在给定的控制器 $u_i(k) = K_ix(t)$ 下是随机稳定的。

$$\begin{bmatrix} \begin{matrix}(\bar{A}_iG+F_iY_i-\\E_i\hat{P}_iE_i^{\mathrm{T}})^*+\hat{Z}\end{matrix} & \begin{matrix}\bar{A}_iG+F_iY_i+E_i\hat{P}_i^{\mathrm{T}}+\\U^{\mathrm{T}}\hat{Q}_iV^{\mathrm{T}}-G^{\mathrm{T}}\end{matrix} & (E_i\hat{P}_iE_i^{\mathrm{T}})^*+\hat{Z} & X_i^{\mathrm{T}} & O \\ \# & -(G)^* & O & O & O \\ \# & \# & \begin{matrix}-(\hat{P}_iE_i^{\mathrm{T}}+V\hat{Q}_iU+E_i\hat{P}_iE_i^{\mathrm{T}})^*+\\\hat{Q}+\hat{Z}\end{matrix} & O & O \\ \# & \# & \# & O & O \\ \# & \# & \# & -\hat{Q} & -Z^{-1} \end{bmatrix}<0 \tag{4.46}$$

进而，所求的控制器为

$$K_i=-Y_iG^{-1} \tag{4.47}$$

注4 本节所得到的判据都是与连续切换广义系统的镇定问题相关的，然而，由于系统存在矩阵E_i并且 $\mathrm{rank}(E_i)=r\leqslant n$，所以可以用类似的方法得到正常切换系统的类似结论。

4.2.3 算例仿真

例4.1 考虑如式（4.1）的离散切换广义系统：

$$E_i\dot{x}(t)=A_ix(t)+B_iu_i(t)$$

其中：

$$E_1=\begin{bmatrix}0.5 & 0.6\\1 & 1.2\end{bmatrix},\ A_1=\begin{bmatrix}1.8 & 2\\0.15 & 1\end{bmatrix},\ B_1=\begin{bmatrix}-1 & 0.5\\0.2 & 5\end{bmatrix}$$

$$E_2=\begin{bmatrix}1 & 0.6\\1 & 1.2\end{bmatrix},\ A_2=\begin{bmatrix}1 & 2\\0.15 & 1\end{bmatrix},\ B_2=\begin{bmatrix}-1 & 0\\0 & 1\end{bmatrix}$$

$$F_1=\begin{bmatrix}-0.5\\0.4\end{bmatrix},\ F_2=\begin{bmatrix}1\\1\end{bmatrix}$$

由推论4.1可知，没有公共的控制器，也就是，无法设计稳定的控制器。另一方面，由推论4.2能得到

$$G=\begin{bmatrix}0.4274 & -0.0143\\0.0716 & 0.4268\end{bmatrix},\ Y_1=\begin{bmatrix}-0.4610 & -0.7415\\0.0485 & 0.0292\end{bmatrix},\ Y_2=\begin{bmatrix}-0.1433 & -0.7676\\0.1501 & -0.0021\end{bmatrix}$$

$$V_1=\begin{bmatrix}0.5522 & -0.0521\\-0.0521 & 0.5034\end{bmatrix},\ V_2=\begin{bmatrix}0.5247 & -0.0409\\-0.0409 & 0.6045\end{bmatrix}$$

进而，能得到形如式（4.2）的控制器，其中

$$K_1=\begin{bmatrix}-0.7832 & -1.7636\\0.1014 & 0.0718\end{bmatrix},\ K_2=\begin{bmatrix}-0.0338 & -1.7996\\0.3501 & 0.0068\end{bmatrix}$$

对于所求得的控制器，系统模式在网上可实现。但是在许多实际应用中，

例如网络系统，在不稳定的网络中传输信号可能出现时延和丢包。基于这个事实，之前提过的控制器就太理想化了，它们的应用领域十分有限。但是，通过本章提出的方法可以设计随机控制器，而不需要其他的操作信号。也就是，如果 $\alpha=0.8$，由定理4.2，能得到形如式（4.2）的控制器，其中

$$\boldsymbol{K}_1=\begin{bmatrix}0.0174 & 1.8166\\ -0.1388 & 0.1554\end{bmatrix},\ \boldsymbol{K}_2=\begin{bmatrix}-0.9278 & 1.8623\\ -0.3839 & 0.2476\end{bmatrix},\ \boldsymbol{K}=\begin{bmatrix}3.8016 & 1.8951\\ 0.1166 & -0.9876\end{bmatrix}$$

因此，得到形如式（4.8）的闭环系统：

$$\boldsymbol{E}_1=\begin{bmatrix}0.5 & 0.6\\ 1 & 1.2\end{bmatrix},\ \boldsymbol{E}_2=\begin{bmatrix}1 & 0.6\\ 1 & 1.2\end{bmatrix},\ \tilde{\boldsymbol{A}}_1=\begin{bmatrix}1.0653 & 2.9755\\ 0.3076 & 0.2125\end{bmatrix},\ \tilde{\boldsymbol{A}}_2=\begin{bmatrix}-0.5026 & 3.1108\\ -0.1338 & 1.0006\end{bmatrix}$$

由文献［29］中的定理1可得

$$\boldsymbol{V}_1=\begin{bmatrix}0.5536 & -0.0541\\ -0.0541 & 0.5039\end{bmatrix},\ \boldsymbol{V}_2=\begin{bmatrix}0.5269 & -0.0476\\ -0.0476 & 0.5913\end{bmatrix}$$

使得闭环系统稳定。

由此例可知，所求的控制器的操作模式信号能够承受20%的损耗。

4.3　离散切换广义系统的随机控制

4.3.1　问题描述

考虑一类离散切换广义系统：

$$\boldsymbol{E}_i\boldsymbol{x}(k+1)=\boldsymbol{A}_i\boldsymbol{x}(k)+\boldsymbol{B}_i\boldsymbol{u}_i(k) \tag{4.48}$$

其中，$i:\{0,1,\cdots\}\rightarrow\Lambda=\{1,2,\cdots,N\}$ 是切换律，$\boldsymbol{x}(k)\in\mathbf{R}^n$ 是状态向量，$\boldsymbol{u}_i(k)\in\mathbf{R}^m$ 是控制输入；矩阵 $\boldsymbol{E}_i\in\mathbf{R}^{n\times n}$ 是奇异的，并且 $\operatorname{rank}(\boldsymbol{E}_i)=r\leqslant n$；$\boldsymbol{A}_i$ 和 $\boldsymbol{B}_i$ 是具有适当维数的已知矩阵。

对于离散切换广义系统，传统控制器分为如下两类：

$$\boldsymbol{u}_i(k)=\boldsymbol{K}_i\boldsymbol{x}(t)$$

$$\boldsymbol{u}_i(k)=\boldsymbol{K}\boldsymbol{x}(t)$$

但是这两种控制器都是比较极端的。本章设计了如下一类随机控制器：

$$\boldsymbol{u}(k)=\alpha(k)\boldsymbol{K}_i\boldsymbol{x}(k)+(1-\alpha(k))\boldsymbol{K}\boldsymbol{x}(k) \tag{4.49}$$

其中，$\boldsymbol{K}_i$ 和 $\boldsymbol{K}$ 是待定的控制增益，$\alpha(k)$ 是满足伯努利过程的指标函数：

$$\alpha(k)=\begin{cases}1, & \text{子系统被成功地激活}\\ 0, & \text{其他}\end{cases} \tag{4.50}$$

从而，有

$$Pr\{\alpha(k)=1\}=\varepsilon(\alpha(t))=\alpha \tag{4.51a}$$

$$Pr\{\alpha(k)=0\}=1-\alpha \tag{4.51b}$$

另外，很容易证得

$$\varepsilon((1-\alpha(k)))=1-\alpha \tag{4.52}$$

$$\varepsilon((\alpha(k)-\alpha))=0 \tag{4.53}$$

$$\varepsilon((1-\alpha(k))^2)=(1-\alpha)^2 \tag{4.54}$$

注5 本节中引入伯努利变量$\alpha(k)$来表示离散切换广义系统的子系统被激活的可能性。这是首次在离散切换广义系统的镇定问题中引入$\alpha(k)$。文献[29][30]中引用过$\alpha(k)$，相比之下，由于本节中的模型是多子系统的，所以应用更复杂。另外，控制器（4.49）比两个传统控制器降低了保守性，并且有着更广泛的应用领域，这一优越性在下面的例子中可见。

注6 与传统的控制器的设计方法相比，控制器（4.49）更优越。由于设计公共控制器时需要找到一个公共的控制器满足每个子系统，这个可行解的解集比由控制器（4.49）所得到的要小很多。当没有公共控制器时，可能找到有效的形如式（4.49）的控制器。从这个意义上看，公共控制器的设计方法是过渡设计，并且具有很高的保守性。

在系统（4.48）中应用控制器（4.49），可以得到如下离散闭环切换奇异系统：

$$\boldsymbol{E}_i\boldsymbol{x}(k+1)=\tilde{\boldsymbol{A}}\boldsymbol{x}(k)+(\alpha(k)-\alpha)\hat{\boldsymbol{A}}\boldsymbol{x}(k) \tag{4.55}$$

其中

$$\tilde{\boldsymbol{A}}_i=\{\boldsymbol{A}_i+\boldsymbol{B}_i[(1-\alpha(k))\boldsymbol{K}+\alpha\boldsymbol{K}_i]\},\ \hat{\boldsymbol{A}}_i=\boldsymbol{B}_i\boldsymbol{K}_i \tag{4.56}$$

令

$$\bar{\boldsymbol{A}}_i=\{\boldsymbol{A}_i+\boldsymbol{B}_i[(1-\alpha)\boldsymbol{K}+\alpha\boldsymbol{K}_i]\} \tag{4.57}$$

定义4.4 有限或可数时间与激活子系统的集合成为切换序列，即

$\{(\tau_0,i_0),(\tau_1,i_1),\cdots,(\tau_s,i_s)\}$ $(\tau_0<\tau_1<\cdots<\tau_s\leqslant\infty;\ i_j\in(1,2,\cdots,N);\ j=1,2,\cdots,n)$

定义4.5 考虑系统（4.55）：

① 对于给定的$i\in\Lambda$，如果存在常量$s\in\mathbf{C}$使得$\det(s\boldsymbol{E}_i-\tilde{\boldsymbol{A}}_i)\neq 0$，那么称矩阵对$(\boldsymbol{E}_i,\tilde{\boldsymbol{A}}_i)$是正则的。

如果每对$(\boldsymbol{E}_i,\tilde{\boldsymbol{A}}_i)(i\in\Lambda)$都正则，那么称离散切换广义系统（4.55）是正则的。

② 对于给定的$i\in\Lambda$，如果存在常量$s\in\mathbf{C}$使得$\deg(\det(s\boldsymbol{E}_i-\tilde{\boldsymbol{A}}_i))=\operatorname{rank}(\boldsymbol{E}_i)$，

那么称矩阵对 $(\boldsymbol{E}_i, \tilde{\boldsymbol{A}}_i)$ 是因果的。

如果每对 $(\boldsymbol{E}_i, \tilde{\boldsymbol{A}}_i)(i \in \Lambda)$ 都是因果的，那么称离散切换广义系统（4.55）是因果的。

定义 4.6　考虑系统（4.55）：

① 如果存在对称矩阵 $\boldsymbol{V}_i > 0$ 和相应的切换律，使得

$$\varepsilon\big(\Delta \boldsymbol{V}_i(\boldsymbol{E}_i \boldsymbol{x}(k))\big) = \boldsymbol{V}_i[\boldsymbol{E}_i \boldsymbol{x}(k+1)] - \boldsymbol{V}_i[\boldsymbol{E}_i \boldsymbol{x}(k)] < 0$$

那么离散切换系统（4.55）随机稳定。

② 如果离散切换系统（4.55）正则、因果和随机稳定，那么系统（4.55）是随机容许的。

假设 4.2　对于任意的 $i \in \Lambda$，$N(\boldsymbol{E}_i)$ 是相同的。

4.3.2　随机控制的分析与设计

定理 4.5　如果假设 4.2 成立，存在对称矩阵 $\boldsymbol{V}_i > 0$，使得对于所有的 $i \in \Lambda$，下列矩阵不等式都成立，那么，存在控制器（4.49）使得闭环系统（4.55）随机容许。

$$\boldsymbol{E}_i^{\mathrm{T}} \boldsymbol{V}_i \boldsymbol{E}_i \geqslant 0 \tag{4.58}$$

$$\bar{\boldsymbol{A}}_i^{\mathrm{T}} \boldsymbol{V}_i \bar{\boldsymbol{A}}_i - \boldsymbol{E}_i^{\mathrm{T}} \boldsymbol{V}_i \boldsymbol{E}_i < 0 \tag{4.59}$$

证明　首先，证明离散切换广义系统（4.55）是正则的、因果的。

由文献［22］知，总存在非奇异矩阵 $\boldsymbol{M}_i$ 和 $\boldsymbol{N}$，使得

$$\boldsymbol{M}_i \boldsymbol{E}_i \boldsymbol{N} = \begin{bmatrix} \boldsymbol{I} & \boldsymbol{O} \\ \boldsymbol{O} & \boldsymbol{O} \end{bmatrix},\ \boldsymbol{M}_i \bar{\boldsymbol{A}}_i \boldsymbol{N} = \begin{bmatrix} \hat{\boldsymbol{A}}_{i1} & \hat{\boldsymbol{A}}_{i2} \\ \hat{\boldsymbol{A}}_{i3} & \hat{\boldsymbol{A}}_{i4} \end{bmatrix},\ \boldsymbol{M}_1^{-\mathrm{T}} \boldsymbol{V}_i \boldsymbol{M}_i^{-1} = \begin{bmatrix} \boldsymbol{V}_{i1} & \boldsymbol{V}_{i2} \\ \boldsymbol{V}_{i2}^{\mathrm{T}} & \boldsymbol{V}_{i4} \end{bmatrix} \tag{4.60}$$

由式（4.58）可知 $\boldsymbol{V}_{i1} \geqslant 0$。在式（4.59）的左边乘上 $\boldsymbol{N}^{\mathrm{T}}$，右边乘上 $\boldsymbol{N}$，则有

$$\begin{bmatrix} * & * \\ * & \hat{\boldsymbol{A}}_{i2}^{\mathrm{T}} \boldsymbol{V}_{i1} \hat{\boldsymbol{A}}_{i2} + \boldsymbol{H} + \boldsymbol{H}^{\mathrm{T}} \end{bmatrix} < 0 \tag{4.61}$$

其中

$$\boldsymbol{H} = \hat{\boldsymbol{A}}_{i2}^{\mathrm{T}} \boldsymbol{V}_{i2} \hat{\boldsymbol{A}}_{i4} + \frac{1}{2} \hat{\boldsymbol{A}}_{i4}^{\mathrm{T}} \boldsymbol{V}_{i4} \hat{\boldsymbol{A}}_{i4} \tag{4.62}$$

“*”是与式（4.62）无关的项。再由式（4.63）和 $\boldsymbol{V}_{i1} \geqslant 0$，可得

$$\boldsymbol{H} + \boldsymbol{H}^{\mathrm{T}} < 0 \tag{4.63}$$

从而可知 $\hat{\boldsymbol{A}}_{i4}$ 是可逆的。所以，对于任意的 $i \in \Lambda$，矩阵对 $(\boldsymbol{E}_i, \bar{\boldsymbol{A}}_i)$ 是正则的、因果的。

由不等式（4.59）可知

$$\varepsilon(\Delta V_i)=x^{\mathrm T}(k)A_i^{\mathrm T}V_iA_ix(k)+(1-\alpha)x^{\mathrm T}(k)A_i^{\mathrm T}V_iB_iKx(k)+\alpha x^{\mathrm T}(k)A_i^{\mathrm T}V_iB_iK_ix(k)+$$
$$(1-\alpha)x^{\mathrm T}(k)K^{\mathrm T}B_i^{\mathrm T}V_iA_ix(k)+(1-\alpha)^2x^{\mathrm T}(k)K^{\mathrm T}B_i^{\mathrm T}V_iB_iKx(k)+\alpha(1-\alpha)x^{\mathrm T}(k)\cdot$$
$$K^{\mathrm T}B_i^{\mathrm T}V_iB_iK_ix(k)+\alpha x^{\mathrm T}(k)K_i^{\mathrm T}B_i^{\mathrm T}V_iA_ix(k)+\alpha(1-\alpha)x^{\mathrm T}(k)K_i^{\mathrm T}B_i^{\mathrm T}V_iB_iKx(k)+$$
$$a^2x^{\mathrm T}(k)K_i^{\mathrm T}B_i^{\mathrm T}V_iB_iK_ix(k)-x^{\mathrm T}(k)E_i^{\mathrm T}V_iE_ix(k)<0$$

即

$$\Delta V_i=x^{\mathrm T}(k+1)E_i^{\mathrm T}V_iE_ix(k+1)-x^{\mathrm T}(k)E_i^{\mathrm T}V_iE_ix(k)$$
$$=\left\{x^{\mathrm T}(k)\left\{A_i^{\mathrm T}+\left[(1-\alpha(k))K^{\mathrm T}+\alpha K_i^{\mathrm T}\right]B_i^{\mathrm T}\right\}+(\alpha(k)-\alpha)x^{\mathrm T}(k)K_i^{\mathrm T}B_i^{\mathrm T}\right\}V_i\cdot$$
$$\left\{\left\{A_i+B_i\left[(1-\alpha(k))K+\alpha K_i\right]\right\}x(k)+(\alpha(k)-\alpha)B_iK_ix(k)\right\}-x^{\mathrm T}(k)E_i^{\mathrm T}V_iE_ix(k)<0$$

因此，存在控制器（4.49）使得系统（4.55）随机容许。证毕。

注7 定理4.5给出了离散切换广义系统（4.55）在控制器（4.49）下稳定的充分条件。由于E_i是奇异矩阵，$E_i^{\mathrm T}V_iE_i$就是半正定的，从而不等式（4.59）只能转化成一个非严格的线性矩阵不等式，因此无法求得有效的控制器。所以，应用合同变换的方法来解决这一问题。

定理4.6 如果假设4.2成立，存在矩阵G和对称矩阵$V_i>0$，使得对于任意的$i\in\Lambda$，下列矩阵不等式都成立，那么，存在控制器（4.49）使得闭环系统（4.55）在任意切换律下随机容许。

$$E_i^{\mathrm T}V_iE_i\geqslant 0 \tag{4.64}$$

$$\begin{bmatrix}(A_iG)^*-(1-\alpha)(B_iY)^*-\alpha(B_iY_i)^*-G^* & \# & \# & \#\\ A_iG-(1-\alpha)B_iY-\alpha B_iY_i-G^{\mathrm T} & -(2G)^* & \# & \#\\ O & G+I & V_i-2I & \#\\ G+I & O & O & -E_i^{\mathrm T}V_iE_i-2I\end{bmatrix}<0 \tag{4.65}$$

进而，所求的控制器为

$$K_i=-Y_iG^{-1} \tag{4.66a}$$
$$K=-YG^{-1} \tag{4.66b}$$

证明 由式（4.65）和式（4.66）有

$$\begin{bmatrix}\begin{matrix}\left\{A_iG+B_i\left[(1-\alpha)(-YG^{-1})+\alpha(-Y_iG^{-1})\right]G\right\}+\\ G^{\mathrm T}\left\{A_i+B_i\left[(1-\alpha)(-YG^{-1})+\alpha(-Y_iG^{-1})\right]\right\}^{\mathrm T}-G^{\mathrm T}-G\end{matrix} & \# & \# & \#\\ \left\{A_i+B_i\left[(1-\alpha)(-YG^{-1})+\alpha(-Y_iG^{-1})\right]\right\}G-G^{\mathrm T} & -2G-2G^{\mathrm T} & \# & \#\\ O & G+I & V_i-2I & \#\\ G+I & O & O & -E_i^{\mathrm T}V_iE_i-2I\end{bmatrix}$$

$$=\begin{bmatrix} \bar{A}_iG+G_i^{\mathrm{T}}\bar{A}_i^{\mathrm{T}}-G^{\mathrm{T}}-G & \# & \# & \# \\ \bar{A}_iG-G^{\mathrm{T}} & -2G-2G^{\mathrm{T}} & \# & \# \\ O & G+I & V_i-2I & \# \\ G+I & O & O & -E_i^{\mathrm{T}}V_iE_i-2I \end{bmatrix}<0 \tag{4.67}$$

令

$$\Omega_4=\begin{bmatrix} \bar{A}_iG+G_i^{\mathrm{T}}\bar{A}_i^{\mathrm{T}}-G^{\mathrm{T}}-G & \# & \# & \# & \# & \# \\ \bar{A}_iG-G^{\mathrm{T}} & -2G-2G^{\mathrm{T}} & \# & \# & \# & \# \\ O & G+I & V_i-2I & \# & \# & \# \\ O & O & O & -I & \# & \# \\ O & O & O & O & -I & \# \\ G+I & O & O & O & O & -E_i^{\mathrm{T}}V_iE_i-2I \end{bmatrix} \tag{4.68}$$

那么，有

$$\Omega_1(k)=Z_1^{\mathrm{T}}Z_2^{\mathrm{T}}Z_3^{\mathrm{T}}\Omega_4(k)Z_3Z_2Z_1<0 \tag{4.69}$$

$$\Omega_1=\begin{bmatrix} \bar{A}_i^{\mathrm{T}}V_i\bar{A}_i & \bar{A}_i^{\mathrm{T}}V_i & O \\ V_i\bar{A}_i & -I & O \\ O & O & -I \end{bmatrix}<0 \tag{4.70}$$

其中

$$Z_1=\begin{bmatrix} G^{-1} & O & O \\ G^{-1}\bar{A}_i & O & O \\ O & I & O \\ O & O & I \end{bmatrix},\quad Z_2=\begin{bmatrix} I & O & O & O \\ O & I & O & O \\ O & G & O & O \\ O & O & I & O \\ O & O & O & I \end{bmatrix},\quad Z_3=\begin{bmatrix} I & O & O & O & O \\ O & I & O & O & O \\ O & O & I & O & O \\ O & O & O & I & O \\ O & O & O & O & I \\ G & O & O & O & O \end{bmatrix}$$

从而，得到

$$\bar{A}_i^{\mathrm{T}}V_i\bar{A}_i-E_i^{\mathrm{T}}V_iE_i<0 \tag{4.71}$$

因此，由定理4.1可得闭环系统（4.55）是随机容许的。证毕。

推论4.3　如果假设4.2成立，存在矩阵G和对称矩阵$V_i>0$，使得对于任意的$i\in\Lambda$，下列矩阵不等式都成立，那么，存在控制器$u_i(k)=Kx(t)$使得闭环系统（4.55）在任意切换律下随机容许。

$$E_i^{\mathrm{T}}V_iE_i\geqslant 0 \tag{4.72}$$

$$\begin{bmatrix} (A_iG)^*-(B_iY)^*-G^* & \# & \# & \# \\ A_iG-B_iY-G^{\mathrm{T}} & -(2G)^* & \# & \# \\ O & G+I & V_i-2I & \# \\ G+I & O & O & -E_i^{\mathrm{T}}V_iE_i-2I \end{bmatrix}<0 \tag{4.73}$$

进而，所求的控制器为

$$K = -YG^{-1} \tag{4.74}$$

推论 4.4 如果假设 4.2 成立，存在矩阵 G 和对称矩阵 $V_i > 0$，使得对于任意的 $i \in \Lambda$，下列矩阵不等式都成立，那么，存在控制器 $u_i(k) = K_i x(t)$ 使得闭环系统（4.55）在任意切换律下随机容许。

$$E_i^{\mathrm{T}} V_i E_i \geqslant 0 \tag{4.75}$$

$$\begin{bmatrix} (A_i G)^* - (B_i Y_i)^* - G^* & \# & \# & \# \\ A_i G - B_i Y_i - G^{\mathrm{T}} & -(2G)^* & \# & \# \\ O & G + I & V_i - 2I & \# \\ G + I & O & O & -E_i^{\mathrm{T}} V_i E_i - 2I \end{bmatrix} < 0 \tag{4.76}$$

进而，所求的控制器为

$$K_i = -Y_i G^{-1} \tag{4.77}$$

注 8 本节所得到的判据都是与离散切换广义系统的镇定问题相关的，然而，由于系统存在矩阵 E_i 并且 $\mathrm{rank}(E_i) = r \leqslant n$，所以可以用类似的方法得到正常切换系统的类似结论。

4.3.3 算例仿真

例 4.2 考虑如式（4.48）的离散切换广义系统

$$E_i x(k+1) = A_i x(k) + B_i u_i(k)$$

其中

$$E_1 = \begin{bmatrix} 0.5 & 0.6 \\ 1 & 1.2 \end{bmatrix},\ A_1 = \begin{bmatrix} 1.8 & 2 \\ 0.15 & 1 \end{bmatrix},\ B_1 = \begin{bmatrix} -1 & 0.5 \\ 0.2 & 5 \end{bmatrix}$$

$$E_2 = \begin{bmatrix} 1 & 0.6 \\ 1 & 1.2 \end{bmatrix},\ A_2 = \begin{bmatrix} 1 & 2 \\ 0.15 & 1 \end{bmatrix},\ B_2 = \begin{bmatrix} -1 & 0 \\ 0 & 1 \end{bmatrix}$$

由推论 4.3 可知，没有公共的控制器。另一方面，由推论 4.4 能得到

$$G = \begin{bmatrix} 0.4274 & -0.0143 \\ 0.0716 & 0.4268 \end{bmatrix},\ Y_1 = \begin{bmatrix} -0.4610 & -0.7415 \\ 0.0485 & 0.0292 \end{bmatrix},\ Y_2 = \begin{bmatrix} -0.1433 & -0.7676 \\ 0.1501 & -0.0021 \end{bmatrix}$$

$$V_1 = \begin{bmatrix} 0.5522 & -0.0521 \\ -0.0521 & 0.5034 \end{bmatrix},\ V_2 = \begin{bmatrix} 0.5247 & -0.0409 \\ -0.0409 & 0.6045 \end{bmatrix}$$

进而，能得到形如式（4.48）的控制器，其中

$$K_1 = \begin{bmatrix} -0.7832 & -1.7636 \\ 0.1014 & 0.0718 \end{bmatrix},\ K_2 = \begin{bmatrix} -0.0338 & -1.7996 \\ 0.3501 & 0.0068 \end{bmatrix}$$

对于所求得的控制器，系统模式需要在网上可实现。但是在许多实际应用中，例如网络系统，在不稳定的网络中传输信号可能出现时延和丢包。基于这个事实，之前提过的控制器就太理想化了，它们的应用领域十分有限。但是，

本节提出的方法可以设计随机控制器，而不需要其他的操作信号。也就是，如果 $\alpha=0.8$ ，由定理4.6能得到形如式（4.49）的控制器，其中

$$\boldsymbol{K}_1=\begin{bmatrix}0.0174 & 1.8166\\-0.1388 & 0.1554\end{bmatrix},\ \boldsymbol{K}_2=\begin{bmatrix}-0.9278 & 1.8623\\-0.3839 & 0.2476\end{bmatrix},\ \boldsymbol{K}=\begin{bmatrix}3.8016 & 1.8951\\0.1166 & -0.9876\end{bmatrix}$$

因此，得到形如式（4.55）的闭环系统

$$\boldsymbol{E}_1=\begin{bmatrix}0.5 & 0.6\\1 & 1.2\end{bmatrix},\ \boldsymbol{E}_2=\begin{bmatrix}1 & 0.6\\1 & 1.2\end{bmatrix},\ \tilde{\boldsymbol{A}}_1=\begin{bmatrix}1.0653 & 2.9755\\0.3076 & 0.2125\end{bmatrix},\ \tilde{\boldsymbol{A}}_2=\begin{bmatrix}-0.5026 & 3.1108\\-0.1338 & 1.0006\end{bmatrix}$$

由文献［29］中的定理4.5可得

$$\boldsymbol{V}_1=\begin{bmatrix}0.5536 & -0.0541\\-0.0541 & 0.5039\end{bmatrix},\ \boldsymbol{V}_2=\begin{bmatrix}0.5269 & -0.0476\\-0.0476 & 0.5913\end{bmatrix}$$

使得闭环系统稳定。

由例4.2可知，所求的控制器的操作模式信号能够承受20%的损耗。

4.4　本章小结

本章研究了一类离散切换广义系统的镇定问题。提出了一类随机控制器的设计方法，这类控制器为传统的两类较极端的控制器建立了桥梁。以严格矩阵不等式的形式给出了随机控制器存在的充分条件。最后，利用数值算例说明了所得结论的有效性。

第5章　切换广义系统的混杂控制

5.1　引言

目前，对于确保切换广义系统稳定的切换律的设计问题和切换律的存在条件这一问题的研究主要采用共同Lyapunov函数和多Lyapunov函数方法。由于切换系统在任意切换下均渐近稳定的充分必要条件是它的子系统具有公共Lyapunov函数，所以寻求公共的Lyapunov函数的存在条件以及构造公共的Lyapunov函数使切换系统在任意切换下均稳定的研究中占据了相当的地位。线性矩阵不等式方法的出现，使线性不确定系统的鲁棒镇定问题的研究得到了更广泛的重视和应用。另外，在研究切换系统在受限的切换律下的稳定性问题和构造一个使切换系统渐近稳定的切换信号时也广泛使用凸组合方法和线性化方法。

本章讨论了一类离散切换广义系统的稳定性和混杂切换律的设计问题，给出了系统渐近稳定的充分条件和状态反馈控制器的设计方法，将正常切换系统的多Lyapunov函数方法推广到离散切换广义系统。算例仿真表明所提方法的有效性。

5.2　混杂切换律的设计

5.2.1　问题描述

考虑正则因果的广义系统：

$$\boldsymbol{E}\boldsymbol{x}(k+1)=\boldsymbol{A}\boldsymbol{x}(k) \tag{5.1}$$

引理5.1　如果系统（5.1）是正则因果的，那么，$\boldsymbol{E}\boldsymbol{x}\neq\boldsymbol{0}$当且仅当$\boldsymbol{x}\neq\boldsymbol{0}$。

引理5.2　$\boldsymbol{T}_0$，$\boldsymbol{T}_1$是对称矩阵，如果存在常数$\beta>0$满足不等式

$$\boldsymbol{T}_0-\beta\boldsymbol{T}_1>0 \tag{5.2}$$

那么，对于任意的$\boldsymbol{x}\neq\boldsymbol{0}$，如果$\boldsymbol{x}^{\mathrm{T}}\boldsymbol{T}_1\boldsymbol{x}>0$，必有$\boldsymbol{x}^{\mathrm{T}}\boldsymbol{T}_0\boldsymbol{x}>0$。

反之，对于任意的$\boldsymbol{x}\neq\boldsymbol{0}$，$\boldsymbol{x}^{\mathrm{T}}\boldsymbol{T}_0\boldsymbol{x}>0$，且存在$\boldsymbol{x}_0$使得$\boldsymbol{x}_0^{\mathrm{T}}\boldsymbol{T}_1\boldsymbol{x}_0>0$，那么存

在一个常数 $\beta>0$ 使得式（5.2）成立。

考虑如下系统：

$$\boldsymbol{E}\boldsymbol{x}(k+1)=\boldsymbol{A}_{\sigma}\boldsymbol{x}(k) \tag{5.3}$$

其中，σ: $\{0, 1, \cdots\}\to\Lambda=\{1, 2, \cdots, N\}$ 是切换律，$\boldsymbol{x}(k)\in\mathbf{R}^{n}$ 为系统状态，$\boldsymbol{E}\in\mathbf{R}^{n\times n}$，$\operatorname{rank}\boldsymbol{E}=r<n$，$\boldsymbol{A}_i\in\mathbf{R}^{n\times n}\,(i\in\Lambda)$。

定义 5.1　考虑系统（5.1）：

① 对于给定的 $i\in\Lambda$，若存在常量 $s\in\mathbf{C}$ 使得 $\det(s\boldsymbol{E}_i-\boldsymbol{A}_i)\neq0$，则称矩阵对 $(\boldsymbol{E}_i, \boldsymbol{A}_i)$ 是正则的。

若每对 $(\boldsymbol{E}_i, \boldsymbol{A}_i)(i\in\Lambda)$ 都正则，则称离散切换广义系统（5.3）是正则的。

② 对于给定的 $i\in\Lambda$，若存在常量 $s\in\mathbf{C}$ 使得 $\deg(\det(s\boldsymbol{E}_i-\boldsymbol{A}_i))=\operatorname{rank}(\boldsymbol{E}_i)$，则称矩阵对 $(\boldsymbol{E}_i, \boldsymbol{A}_i)$ 是因果的。

若每对 $(\boldsymbol{E}_i, \boldsymbol{A}_i)(i\in\Lambda)$ 都是因果的，则称离散切换广义系统（5.3）是因果的。

③ 若离散切换系统是（5.3）正则、因果且稳定的，则系统（5.3）是容许的。

5.2.2　混杂切换律的设计

在系统（5.3）中的每个子系统都是不稳定的，下面在系统状态信息可知的条件下，给出存在切换信号使系统渐近稳定的充分条件。

定理 5.1　假设离散切换广义系统（5.3）是正则的、因果的，如果同时存在两个非负或非正的常数β_1，β_2和两个可逆矩阵$\boldsymbol{V}_1$，$\boldsymbol{V}_2$满足下列不等式：

$$\boldsymbol{E}^{\mathrm{T}}\boldsymbol{V}_1\boldsymbol{E}\geqslant0$$

$$\boldsymbol{E}^{\mathrm{T}}\boldsymbol{V}_2\boldsymbol{E}\geqslant0$$

$$\boldsymbol{E}^{\mathrm{T}}\boldsymbol{V}_1\boldsymbol{E}-\boldsymbol{A}_1^{\mathrm{T}}\boldsymbol{V}_1\boldsymbol{A}_1+\beta_1\left(\boldsymbol{E}^{\mathrm{T}}\boldsymbol{V}_2\boldsymbol{E}-\boldsymbol{E}^{\mathrm{T}}\boldsymbol{V}_1\boldsymbol{E}\right)>0 \tag{5.4}$$

$$\boldsymbol{E}^{\mathrm{T}}\boldsymbol{V}_2\boldsymbol{E}-\boldsymbol{A}_2^{\mathrm{T}}\boldsymbol{V}_2\boldsymbol{A}_2+\beta_2\left(\boldsymbol{E}^{\mathrm{T}}\boldsymbol{V}_1\boldsymbol{E}-\boldsymbol{E}^{\mathrm{T}}\boldsymbol{V}_2\boldsymbol{E}\right)>0 \tag{5.5}$$

那么，存在切换律使得系统（5.3）稳定。

证明　假设β_1，$\beta_2\geqslant0$，存在可逆矩阵$\boldsymbol{P}$，$\boldsymbol{Q}$满足

$$\boldsymbol{QEP}=\begin{pmatrix}\boldsymbol{I}_r & \boldsymbol{O}\\ \boldsymbol{O} & \boldsymbol{O}\end{pmatrix},\ \boldsymbol{QA}_i\boldsymbol{P}=\begin{pmatrix}\boldsymbol{A}_{i11} & \boldsymbol{A}_{i12}\\ \boldsymbol{A}_{i21} & \boldsymbol{A}_{i22}\end{pmatrix},\ \boldsymbol{QV}_i\boldsymbol{P}=\begin{pmatrix}\boldsymbol{V}_{i1} & \boldsymbol{V}_{i2}\\ \boldsymbol{V}_{i2} & \boldsymbol{V}_{i3}\end{pmatrix}\quad(i=1, 2)$$

在式（5.4）的左右两边分别乘以$\begin{pmatrix}\boldsymbol{I} & -\boldsymbol{A}_{121}^{\mathrm{T}}\boldsymbol{A}_{122}^{-\mathrm{T}}\\ \boldsymbol{O} & \boldsymbol{I}\end{pmatrix}$及其转置，则得到

$$-\begin{pmatrix} \boldsymbol{\Phi}_{11} & \boldsymbol{\Phi}_{12} \\ \boldsymbol{\Phi}_{12} & \boldsymbol{\Phi}_{13} \end{pmatrix} > 0$$

其中，$\boldsymbol{\Phi}_{11} = \boldsymbol{V}_{11} - \left(\boldsymbol{A}_{111} - \boldsymbol{A}_{112}\boldsymbol{A}_{122}^{-1}\boldsymbol{A}_{121}\right)^{\mathrm{T}}\boldsymbol{V}_{11}\left(\boldsymbol{A}_{111} - \boldsymbol{A}_{112}\boldsymbol{A}_{122}^{-1}\boldsymbol{A}_{121}\right) + \beta_1(\boldsymbol{V}_{21} - \boldsymbol{V}_{11}) > 0$。

那么由引理5.2，对于任意的 $\boldsymbol{x}_1 \neq \boldsymbol{0}$，如果 $\boldsymbol{x}_1^{\mathrm{T}}(\boldsymbol{V}_{21} - \boldsymbol{V}_{11})\boldsymbol{x}_1 \geqslant 0$，就有

$$\boldsymbol{x}_1^{\mathrm{T}}\left[\boldsymbol{V}_{11} - \left(\boldsymbol{A}_{111} - \boldsymbol{A}_{112}\boldsymbol{A}_{122}^{-1}\boldsymbol{A}_{121}\right)^{\mathrm{T}}\boldsymbol{V}_{11}\left(\boldsymbol{A}_{111} - \boldsymbol{A}_{112}\boldsymbol{A}_{122}^{-1}\boldsymbol{A}_{121}\right)\right]\boldsymbol{x}_1 > 0$$

如果 $\boldsymbol{x}_1^{\mathrm{T}}(\boldsymbol{V}_{11} - \boldsymbol{V}_{21})\boldsymbol{x}_1 \geqslant 0$，就有

$$\boldsymbol{x}_1^{\mathrm{T}}\left[\boldsymbol{V}_{21} - \left(\boldsymbol{A}_{211} - \boldsymbol{A}_{212}\boldsymbol{A}_{222}^{-1}\boldsymbol{A}_{221}\right)^{\mathrm{T}}\boldsymbol{V}_{21}\left(\boldsymbol{A}_{211} - \boldsymbol{A}_{212}\boldsymbol{A}_{222}^{-1}\boldsymbol{A}_{221}\right)\right]\boldsymbol{x}_1 > 0$$

令

$$\Psi_1 = \left\{\boldsymbol{x}_1 \in \mathbf{R}^r \middle| \boldsymbol{x}_1^{\mathrm{T}}(\boldsymbol{V}_{21} - \boldsymbol{V}_{11})\boldsymbol{x}_1 \geqslant 0, \boldsymbol{x} \neq \boldsymbol{0}\right\} \tag{5.6}$$

$$\Psi_2 = \left\{\boldsymbol{x}_1 \in \mathbf{R}^r \middle| \boldsymbol{x}_1^{\mathrm{T}}(\boldsymbol{V}_{11} - \boldsymbol{V}_{21})\boldsymbol{x}_1 \geqslant 0, \boldsymbol{x} \neq \boldsymbol{0}\right\} \tag{5.7}$$

那么

$$\Psi_1 \cup \Psi_2 = \mathbf{R}^r \backslash \{\boldsymbol{0}\}$$

从而状态空间被分为

$$\Omega_1 = \left\{\boldsymbol{x} \in \mathbf{R}^n \middle| \boldsymbol{x}^{\mathrm{T}}(\boldsymbol{V}_2 - \boldsymbol{V}_1)\boldsymbol{x} \geqslant 0, \boldsymbol{x} \neq \boldsymbol{0}\right\} \tag{5.8}$$

$$\Omega_2 = \left\{\boldsymbol{x} \in \mathbf{R}^n \middle| \boldsymbol{x}^{\mathrm{T}}(\boldsymbol{V}_1 - \boldsymbol{V}_2)\boldsymbol{x} \geqslant 0, \boldsymbol{x} \neq \boldsymbol{0}\right\} \tag{5.9}$$

因此，$\Omega_1 \cup \Omega_2 = \mathbf{R}^n \backslash \{\boldsymbol{0}\}$。

令 $\Omega_i\Big|_{\mathbf{R}^r} = \left\{\boldsymbol{x}_1 \in \mathbf{R}^r \middle| \boldsymbol{x} \in \Omega_i, \boldsymbol{x} = \left[\boldsymbol{x}_1^{\mathrm{T}} \ \boldsymbol{x}_2^{\mathrm{T}}\right]^{\mathrm{T}}\right\}$。

考虑矩阵 $\boldsymbol{V}_1$，$\boldsymbol{V}_2$，当 $\boldsymbol{x}_1 \neq \boldsymbol{0}$ 时，状态集 $\Omega_i\big|_{\mathbf{R}^r}$ 与 Ψ_i 等价，也就是，$\forall \boldsymbol{x} \in \Omega_i$，则有 $\boldsymbol{x}_1 \in \Psi_i$；另一方面，如果 $\boldsymbol{x}_1 \in \Psi_i$，那么 $\boldsymbol{x} \in \Omega_i$。

考虑条件式（5.6)~式(5.9)，如果 $\boldsymbol{x}^{\mathrm{T}}(\boldsymbol{V}_2 - \boldsymbol{V}_1)\boldsymbol{x} \geqslant 0$，那么 $\boldsymbol{x}_1^{\mathrm{T}}(\boldsymbol{V}_{21} - \boldsymbol{V}_{11})\boldsymbol{x}_1 \geqslant 0$。由引理5.1可得 $\boldsymbol{x}_1 \neq \boldsymbol{0}$，其中，$\boldsymbol{x} = \left[\boldsymbol{x}_1^{\mathrm{T}} \ \boldsymbol{x}_2^{\mathrm{T}}\right]^{\mathrm{T}}$。

考虑条件式（5.8）和式（5.9)，设计切换律：

$$\sigma(t) = \begin{cases} 1, & \boldsymbol{x}(t) \in \Omega_1 \\ 2, & \boldsymbol{x}(t) \in \Omega_2 \end{cases}$$

令类 Lyapunov 函数为 $V_1(\boldsymbol{Ex}) = (\boldsymbol{Ex})^{\mathrm{T}}\boldsymbol{V}_1(\boldsymbol{Ex})$ 和 $V_2(\boldsymbol{Ex}) = (\boldsymbol{Ex})^{\mathrm{T}}\boldsymbol{V}_2(\boldsymbol{Ex})$，那么有 $V_\sigma(\boldsymbol{Ex}(k+1)) - V_\sigma(\boldsymbol{Ex}(k)) < 0$，从而系统（5.3）是稳定的。证毕。

考虑如下系统：

$$\boldsymbol{Ex}(k+1) = \boldsymbol{A}_\sigma \boldsymbol{x}(k) + \boldsymbol{B}_\sigma \boldsymbol{u}_\sigma(t) \tag{5.10}$$

其中，σ: $\{0, 1, \cdots\} \to \Lambda = \{1, 2, \cdots, N\}$ 是切换律，$\boldsymbol{x}(k) \in \mathbf{R}^n$ 为系统状态，$\boldsymbol{E} \in \mathbf{R}^{n \times n}$，

$\operatorname{rank}(\boldsymbol{E})=r<n$，$\boldsymbol{A}_i\in\mathbf{R}^{n\times n}(i\in\Lambda)$。

定理5.2　假设离散切换广义系统（5.10）是正则的、因果的，如果存在正数 $\varepsilon>0$，且同时存在两个非负或非正的常数 β_1，β_2 和两个可逆矩阵 $\boldsymbol{V}_1$，$\boldsymbol{V}_2$ 满足下列不等式：

$$\boldsymbol{B}^{\mathrm{T}}\boldsymbol{V}_1\boldsymbol{B}+\varepsilon\boldsymbol{I}>0 \tag{5.11}$$

$$\boldsymbol{B}^{\mathrm{T}}\boldsymbol{V}_2\boldsymbol{B}+\varepsilon\boldsymbol{I}>0 \tag{5.12}$$

$$\boldsymbol{E}^{\mathrm{T}}\boldsymbol{V}_1\boldsymbol{E}\geqslant 0 \tag{5.13}$$

$$\boldsymbol{E}^{\mathrm{T}}\boldsymbol{V}_2\boldsymbol{E}\geqslant 0 \tag{5.14}$$

$$\boldsymbol{E}^{\mathrm{T}}\boldsymbol{V}_1\boldsymbol{E}-\boldsymbol{A}_1^{\mathrm{T}}\left(\boldsymbol{V}_1^{-1}+\varepsilon^{-1}\boldsymbol{B}_1\boldsymbol{B}_1^{\mathrm{T}}\right)^{-1}\boldsymbol{A}_1+\beta_1\left(\boldsymbol{E}^{\mathrm{T}}\boldsymbol{V}_2\boldsymbol{E}-\boldsymbol{E}^{\mathrm{T}}\boldsymbol{V}_1\boldsymbol{E}\right)>0 \tag{5.15}$$

$$\boldsymbol{E}^{\mathrm{T}}\boldsymbol{V}_2\boldsymbol{E}-\boldsymbol{A}_2^{\mathrm{T}}\left(\boldsymbol{V}_2^{-1}+\varepsilon^{-1}\boldsymbol{B}_2\boldsymbol{B}_2^{\mathrm{T}}\right)^{-1}\boldsymbol{A}_2+\beta_2\left(\boldsymbol{E}^{\mathrm{T}}\boldsymbol{V}_1\boldsymbol{E}-\boldsymbol{E}^{\mathrm{T}}\boldsymbol{V}_2\boldsymbol{E}\right)>0 \tag{5.16}$$

那么，存在系统的状态反馈控制器和切换律使得系统（5.10）稳定，并且状态反馈控制器由下式给出：

$$\boldsymbol{K}_1=-\left(\boldsymbol{B}_1^{\mathrm{T}}\boldsymbol{V}_1\boldsymbol{B}_1+\varepsilon\boldsymbol{I}\right)^{-1}\boldsymbol{B}_1^{\mathrm{T}}\boldsymbol{V}_1\boldsymbol{A}_1 \tag{5.17}$$

$$\boldsymbol{K}_2=-\left(\boldsymbol{B}_2^{\mathrm{T}}\boldsymbol{V}_2\boldsymbol{B}_2+\varepsilon\boldsymbol{I}\right)^{-1}\boldsymbol{B}_2^{\mathrm{T}}\boldsymbol{V}_2\boldsymbol{A}_2 \tag{5.18}$$

证明　将 $\boldsymbol{K}_1=-\left(\boldsymbol{B}_1^{\mathrm{T}}\boldsymbol{V}_1\boldsymbol{B}_1+\varepsilon\boldsymbol{I}\right)^{-1}\boldsymbol{B}_1^{\mathrm{T}}\boldsymbol{V}_1\boldsymbol{A}_1$，$\boldsymbol{K}_2=-\left(\boldsymbol{B}_2^{\mathrm{T}}\boldsymbol{V}_2\boldsymbol{B}_2+\varepsilon\boldsymbol{I}\right)^{-1}\boldsymbol{B}_2^{\mathrm{T}}\boldsymbol{V}_2\boldsymbol{A}_2$ 代入系统的闭环系统为

$$\boldsymbol{E}\boldsymbol{x}(k+1)=\left\{\boldsymbol{A}_1+\left[-\left(\boldsymbol{B}_1^{\mathrm{T}}\boldsymbol{V}_1\boldsymbol{B}_1+\varepsilon\boldsymbol{I}\right)^{-1}\boldsymbol{B}_1^{\mathrm{T}}\boldsymbol{V}_1\boldsymbol{A}_1\right]\right\}\boldsymbol{x}(k)$$

$$\boldsymbol{E}\boldsymbol{x}(k+1)=\left\{\boldsymbol{A}_2+\left[-\left(\boldsymbol{B}_2^{\mathrm{T}}\boldsymbol{V}_2\boldsymbol{B}_2+\varepsilon\boldsymbol{I}\right)^{-1}\boldsymbol{B}_2^{\mathrm{T}}\boldsymbol{V}_2\boldsymbol{A}_2\right]\right\}\boldsymbol{x}(k)$$

令 $\bar{\boldsymbol{A}}_1=\boldsymbol{A}_1+\left[-\left(\boldsymbol{B}_1^{\mathrm{T}}\boldsymbol{V}_1\boldsymbol{B}_1+\varepsilon\boldsymbol{I}\right)^{-1}\boldsymbol{B}_1^{\mathrm{T}}\boldsymbol{V}_1\boldsymbol{A}_1\right]$，$\bar{\boldsymbol{A}}_2=\boldsymbol{A}_2+\left[-\left(\boldsymbol{B}_2^{\mathrm{T}}\boldsymbol{V}_2\boldsymbol{B}_2+\varepsilon\boldsymbol{I}\right)^{-1}\boldsymbol{B}_2^{\mathrm{T}}\boldsymbol{V}_2\boldsymbol{A}_2\right]$，整理式（5.15）和式（5.16）得到

$$\boldsymbol{E}^{\mathrm{T}}\boldsymbol{V}_1\boldsymbol{E}-\bar{\boldsymbol{A}}_1^{\mathrm{T}}\boldsymbol{V}_1\bar{\boldsymbol{A}}_1+\beta_1\left(\boldsymbol{E}^{\mathrm{T}}\boldsymbol{V}_2\boldsymbol{E}-\boldsymbol{E}^{\mathrm{T}}\boldsymbol{V}_1\boldsymbol{E}\right)>0$$

$$\boldsymbol{E}^{\mathrm{T}}\boldsymbol{V}_2\boldsymbol{E}-\bar{\boldsymbol{A}}_2^{\mathrm{T}}\boldsymbol{V}_2\bar{\boldsymbol{A}}_2+\beta_2\left(\boldsymbol{E}^{\mathrm{T}}\boldsymbol{V}_1\boldsymbol{E}-\boldsymbol{E}^{\mathrm{T}}\boldsymbol{V}_2\boldsymbol{E}\right)>0$$

根据定理5.1可知，存在切换信号使得系统稳定。证毕。

下面考虑更一般的离散切换广义系统。

考虑如下系统：

$$\boldsymbol{E}_i\boldsymbol{x}(k+1)=\boldsymbol{A}_\sigma\boldsymbol{x}(k) \tag{5.19}$$

其中，$\sigma:\{0,1,\cdots\}\to\Lambda=\{1,2,\cdots,N\}$ 是切换律，$\boldsymbol{x}(k)\in\mathbf{R}^n$ 为系统状态，$\boldsymbol{E}_i\in\mathbf{R}^{n\times n}$，$\operatorname{rank}(\boldsymbol{E}_i)=r>n$，$\boldsymbol{A}_i\in\mathbf{R}^{n\times n}(i\in\Lambda)$。

由于系统中的各子系统的奇异矩阵互异，利用多Lyapunov函数方法研究稳定性问题，设计切换律使得系统稳定。在现有的文献中，只有文献［17］和

[19] 研究了此类系统，在文献 [19] 中，只研究了子系统的奇异矩阵与系统矩阵可交换的情形。

考虑离散切换广义系统（5.1）：

引理 5.3 存在可逆矩阵 $\boldsymbol{M}_i\,(i\in\Lambda)$ 和 $\boldsymbol{N}$ 使得系统（5.1）受限等价于

$$\boldsymbol{x}_1(\boldsymbol{k}+1)=\boldsymbol{A}_{i11}\boldsymbol{x}_1(k)+\boldsymbol{A}_{i12}\boldsymbol{x}_2(k) \tag{5.20}$$

$$\boldsymbol{0}=\boldsymbol{A}_{i21}\boldsymbol{x}_1(k)+\boldsymbol{A}_{i22}\boldsymbol{x}_2(k) \tag{5.21}$$

当且仅当 $\boldsymbol{N}(\boldsymbol{E}_1)=\cdots=\boldsymbol{N}(\boldsymbol{E}_N)$，其中，$\boldsymbol{M}_i\boldsymbol{E}_i\boldsymbol{N}=\mathrm{diag}[\boldsymbol{I}_r\ \ \boldsymbol{O}],\boldsymbol{M}_i\boldsymbol{A}_i\boldsymbol{N}=\begin{pmatrix}\boldsymbol{A}_{i11} & \boldsymbol{A}_{i12}\\ \boldsymbol{A}_{i21} & \boldsymbol{A}_{i22}\end{pmatrix}$，$\boldsymbol{N}^{-1}\boldsymbol{x}=\begin{pmatrix}\boldsymbol{x}_1\\ \boldsymbol{x}_2\end{pmatrix},\boldsymbol{A}_{i11}\in\mathbf{R}^{n\times n},\boldsymbol{x}_1\in\mathbf{R}^r$。

假设 5.1 对于任意的 $i\in\Lambda$，$\boldsymbol{N}(\boldsymbol{E}_i)$ 都相同。

定理 5.3 如果假设 5.1 成立，假设系统（5.19）是正则的、因果的，如果同时存在 n 个非负或非正的常数 $\beta_i(i=1,2,\cdots,n)$ 和 n 个非奇异矩阵满足下列不等式：

$$\boldsymbol{E}_i^{\mathrm{T}}\boldsymbol{V}_i\boldsymbol{E}_i\geqslant 0 \tag{5.22}$$

$$\boldsymbol{E}_i^{T}\boldsymbol{V}_i\boldsymbol{E}_i-\boldsymbol{A}_i^{\mathrm{T}}\boldsymbol{V}_i\boldsymbol{A}_i+\beta_i\left(\boldsymbol{E}_{i+1}^{\mathrm{T}}\boldsymbol{V}_{i+1}\boldsymbol{E}_{i+1}-\boldsymbol{E}_i^{\mathrm{T}}\boldsymbol{V}_i\boldsymbol{E}_i\right)>0 \tag{5.23}$$

其中，$i+1=\begin{cases}i+1, & i\neq n\\ 1, & i=n\end{cases}$，那么，存在切换信号 $\sigma(t)$ 使得系统（5.19）稳定。

证明 假设 $\beta_i\geqslant 0\,(i=1,2,\cdots,n)$，存在可逆矩阵 $\boldsymbol{M}_i$，$\boldsymbol{N}$ 满足

$$\boldsymbol{M}_i\boldsymbol{E}_i\boldsymbol{N}=\begin{pmatrix}\boldsymbol{I}_r & \boldsymbol{O}\\ \boldsymbol{O} & \boldsymbol{O}\end{pmatrix},\quad \boldsymbol{M}_i\boldsymbol{A}_i\boldsymbol{N}=\begin{pmatrix}\boldsymbol{A}_{i11} & \boldsymbol{A}_{i12}\\ \boldsymbol{A}_{i21} & \boldsymbol{A}_{i22}\end{pmatrix},\quad \boldsymbol{M}_i^{-\mathrm{T}}\boldsymbol{V}_i\boldsymbol{M}_i^{-1}=\begin{pmatrix}\boldsymbol{V}_{i1} & \boldsymbol{V}_{i2}\\ \boldsymbol{V}_{i2} & \boldsymbol{V}_{i3}\end{pmatrix}$$

在式（5.23）的左右两边同时乘以 $\begin{pmatrix}\boldsymbol{I} & -\boldsymbol{A}_{121}^{\mathrm{T}}\boldsymbol{A}_{122}^{-\mathrm{T}}\\ \boldsymbol{O} & \boldsymbol{I}\end{pmatrix}$ 及其转置，可得

$$-\begin{pmatrix}\boldsymbol{\Phi}_{i1} & \boldsymbol{\Phi}_{i2}\\ \boldsymbol{\Phi}_{i2} & \boldsymbol{\Phi}_{i3}\end{pmatrix}>0,\quad i+1=\begin{cases}i+1, & i\neq n\\ 1, & i=n\end{cases}$$

其中

$$\boldsymbol{\Phi}_{i1}=\boldsymbol{V}_{i1}-\left(\boldsymbol{A}_{i11}-\boldsymbol{A}_{i12}\boldsymbol{A}_{i22}^{-1}\boldsymbol{A}_{i21}\right)^{\mathrm{T}}\boldsymbol{V}_{i1}\left(\boldsymbol{A}_{i11}-\boldsymbol{A}_{i12}\boldsymbol{A}_{i22}^{-1}\boldsymbol{A}_{i21}\right)+\beta_i\left(\boldsymbol{V}_{i+1,1}-\boldsymbol{V}_{i1}\right)>0$$

对任意的 $\boldsymbol{x}_1\neq\boldsymbol{0}$，如果 $\boldsymbol{x}_1^{\mathrm{T}}(\boldsymbol{V}_{21}-\boldsymbol{V}_{11})\boldsymbol{x}_1\geqslant 0$，那么

$$\boldsymbol{x}_1^{\mathrm{T}}\left[\boldsymbol{V}_{11}-\left(\boldsymbol{A}_{11}-\boldsymbol{A}_{112}\boldsymbol{A}_{122}^{-1}\boldsymbol{A}_{121}\right)^{\mathrm{T}}\boldsymbol{V}_{11}\left(\boldsymbol{A}_{111}-\boldsymbol{A}_{112}\boldsymbol{A}_{122}^{-1}\boldsymbol{A}_{121}\right)\right]\boldsymbol{x}_1>0$$

如果 $\boldsymbol{x}_1^{\mathrm{T}}(\boldsymbol{V}_{31}-\boldsymbol{V}_{21})\boldsymbol{x}_1\geqslant 0$，那么

$$\boldsymbol{x}_1^{\mathrm{T}}\left[\boldsymbol{V}_{31}-\left(\boldsymbol{A}_{211}-\boldsymbol{A}_{212}\boldsymbol{A}_{222}^{-1}\boldsymbol{A}_{221}\right)^{\mathrm{T}}\boldsymbol{V}_{21}\left(\boldsymbol{A}_{211}-\boldsymbol{A}_{212}\boldsymbol{A}_{222}^{-1}\boldsymbol{A}_{221}\right)\right]\boldsymbol{x}_1>0$$

令

$$\Psi_1=\left\{x_1\in\mathbf{R}^r\middle|x_1^{\mathrm{T}}(V_{21}-V_{11})x_1\geqslant 0,\ x_1\neq\mathbf{0}\right\}\tag{5.24}$$

$$\Psi_2=\left\{x_1\in\mathbf{R}^r\middle|x_1^{\mathrm{T}}(V_{31}-V_{21})x_1\geqslant 0,\ x_1\neq\mathbf{0}\right\}\tag{5.25}$$

因此有 $\Omega_1\cup\Omega_2\cup\cdots\cup\Omega_n=\mathbf{R}^n\backslash\{\mathbf{0}\}$。令 $\Omega_i\big|_{\mathbf{R}^r}=\left\{x\in\mathbf{R}^r\middle|x\in\Omega_i,x=\begin{bmatrix}x_1^{\mathrm{T}} & x_2^{\mathrm{T}}\end{bmatrix}^{\mathrm{T}}\right\}$。

考虑矩阵 V_i，当 $x_1\neq\mathbf{0}$ 时，状态集 $\Omega_i\big|_{\mathbf{R}^r}$ 等价于 Ψ_i，也就是，$\forall x\in\Omega_i$，则有 $x_1\in\Psi_i$；另一方面，如果 $x_1\in\Psi_i$，则有 $x\in\Omega_i$。

考虑条件式（5.24）和式（5.25），如果 $x^{\mathrm{T}}(V_2-V_1)x\geqslant 0$，那么有 $x_1^{\mathrm{T}}(V_{21}-V_{11})x_1\geqslant 0$。由引理5.3可得 $x_1\neq\mathbf{0}$，其中，$x=\begin{bmatrix}x_1^{\mathrm{T}} & x_2^{\mathrm{T}}\end{bmatrix}^{\mathrm{T}}$。

考虑条件式（5.24）和式（5.25），设计切换律如下：

$$\sigma(t)=\begin{cases}1, & x(t)\in\Omega_1\\ 2, & x(t)\in\Omega_2\\ & \vdots\\ n, & x(t)\in\Omega_n\end{cases}$$

令Lyapunov-like函数为 $V_i(E_ix)=(E_ix)^{\mathrm{T}}V_i(E_ix)$，那么有 $V_\sigma(Ex(k+1))-V_\sigma(Ex(k))<0$，因此系统（5.19）稳定。

考虑如下系统：

$$E_ix(k+1)=A_\sigma x(k)+B_\sigma u_\sigma(t)\tag{5.26}$$

其中，$\sigma:\{0,1,\cdots\}\to\Lambda=\{1,2,\cdots,N\}$ 是切换律，$x(k)\in\mathbf{R}^n$ 为系统状态，$E\in\mathbf{R}^{n\times n}$，$\operatorname{rank}E=r<n$，$A_i\in\mathbf{R}^{n\times n}\,(i\in\Lambda)$。

定理5.4　假设离散切换广义系统（5.26）是正则的、因果的，如果存在正数 $\varepsilon>0$，且同时存在两个非负或非正的常数 β_1，β_2 和两个可逆矩阵 V_1，V_2 满足下列不等式：

$$B^{\mathrm{T}}V_1B+\varepsilon I>0\tag{5.27}$$

$$B^{\mathrm{T}}V_2B+\varepsilon I>0\tag{5.28}$$

$$E_1^{\mathrm{T}}V_1E_1\geqslant 0\tag{5.29}$$

$$E_2^{\mathrm{T}}V_2E_2\geqslant 0\tag{5.30}$$

$$E_1^{\mathrm{T}}V_1E_1-A_1^{\mathrm{T}}\left(V_1^{-1}+\varepsilon^{-1}B_1B_1^{\mathrm{T}}\right)^{-1}A_1+\beta_1\left(E_2^{\mathrm{T}}V_2E_2-E_1^{\mathrm{T}}V_1E_1\right)>0\tag{5.31}$$

$$E_2^{\mathrm{T}}V_2E_2-A_2^{\mathrm{T}}\left(V_2^{-1}+\varepsilon^{-1}B_2B_2^{\mathrm{T}}\right)^{-1}A_2+\beta_2\left(E_1^{\mathrm{T}}V_1E_1-E_2^{\mathrm{T}}V_2E_2\right)>0\tag{5.32}$$

那么，存在系统的状态反馈控制器和切换律使得系统（5.26）稳定，并且状态反馈控制器由下式给出：

$$K_1=-\left(B_1^{\mathrm{T}}V_1B_1+\varepsilon I\right)^{-1}B_1^{\mathrm{T}}V_1A_1\tag{5.33}$$

$$K_2=-\left(B_2^{\mathrm T}V_2B_2+\varepsilon I\right)^{-1}B_2^{\mathrm T}V_2A_2 \tag{5.34}$$

证明 将 $K_1=-\left(B_1^{\mathrm T}V_1B_1+\varepsilon I\right)^{-1}B_1^{\mathrm T}V_1A_1$，$K_2=-\left(B_2^{\mathrm T}V_2B_2+\varepsilon I\right)^{-1}B_2^{\mathrm T}V_2A_2$ 代入系统的闭环系统为

$$E_1x(k+1)=\left\{A_1+\left[-\left(B_1^{\mathrm T}V_1B_1+\varepsilon I\right)^{-1}B_1^{\mathrm T}V_1A_1\right]\right\}x(k)$$

$$E_2x(k+1)=\left\{A_2+\left[-\left(B_2^{\mathrm T}V_2B_2+\varepsilon I\right)^{-1}B_2^{\mathrm T}V_2A_2\right]\right\}x(k)$$

令 $\bar A_1=A_1+\left[-\left(B_1^{\mathrm T}V_1B_1+\varepsilon I\right)^{-1}B_1^{\mathrm T}V_1A_1\right]$，$\bar A_2=A_2+\left[-\left(B_2^{\mathrm T}V_2B_2+\varepsilon I\right)^{-1}B_2^{\mathrm T}V_2A_2\right]$。

整理式（5.31）、式（5.32）得到

$$E_1^{\mathrm T}V_1E_1-A_1^{\mathrm T}V_1A_1+\beta_1\left(E_2^{\mathrm T}V_2E_2-E_1^{\mathrm T}V_1E_1\right)>0$$

$$E_2^{\mathrm T}V_2E_2-A_2^{\mathrm T}V_2A_2+\beta_2\left(E_1^{\mathrm T}V_1E_1-E_2^{\mathrm T}V_2E_2\right)>0$$

根据定理5.3可知，存在切换信号使得系统稳定。

5.2.3 算例仿真

例5.1 考虑系统（5.3）由如下两个子系统组成：

$$\begin{bmatrix}1&0&0\\0&1&0\\0&0&0\end{bmatrix}x(k+1)=\begin{bmatrix}0.4&0.7&0\\2&0.3&0\\0&0&1\end{bmatrix}x(k)$$

$$\begin{bmatrix}1&0&0\\0&1&0\\0&0&0\end{bmatrix}x(k+1)=\begin{bmatrix}3&2&0\\9&5&0\\2&0&1\end{bmatrix}x(k)$$

其中

$$E=\begin{bmatrix}1&0&0\\0&1&0\\0&0&0\end{bmatrix},\ A_1=\begin{bmatrix}0.4&0.7&0\\2&0.3&0\\0&0&1\end{bmatrix},\ A_2=\begin{bmatrix}3&2&0\\9&5&0\\2&0&1\end{bmatrix}$$

经验证可知，系统 (E,A_1) 和 (E,A_2) 都是正则、因果的，却都不稳定，但系统可以通过在 (E,A_1) 和 (E,A_2) 之间切换而镇定。

取 $\beta_1=3,\ \beta_2=4$ 和矩阵

$$V_1=\begin{bmatrix}4&5&0\\5&0.7&0\\0&0&-1\end{bmatrix},\quad V_2=\begin{bmatrix}2&1&0\\1&1&0\\2&0&-8\end{bmatrix}$$

可以验证下列不等式成立：

$$E^{\mathrm T}V_1E\geqslant 0$$

$$E^{\mathrm T}V_2E\geqslant 0$$

$$E^{\mathrm T}V_1E-A_1^{\mathrm T}V_1A_1+\beta_1\left(E^{\mathrm T}V_2E-E^{\mathrm T}V_1E\right)>0$$

$$\boldsymbol{E}^{\mathrm{T}}\boldsymbol{V}_2\boldsymbol{E}-\boldsymbol{A}_2^{\mathrm{T}}\boldsymbol{V}_2\boldsymbol{A}_2+\beta_2\left(\boldsymbol{E}^{\mathrm{T}}\boldsymbol{V}_1\boldsymbol{E}-\boldsymbol{E}^{\mathrm{T}}\boldsymbol{V}_2\boldsymbol{E}\right)>0$$

根据定理5.1设计的切换信号如下：

$$\sigma(t)=\begin{cases}1, & \boldsymbol{x}^{\mathrm{T}}(k)\left(\boldsymbol{A}_1^{\mathrm{T}}\boldsymbol{V}_1\boldsymbol{A}_1-\boldsymbol{E}^{\mathrm{T}}\boldsymbol{V}_1\boldsymbol{E}\right)\boldsymbol{x}(t)<0\\ 2, & \boldsymbol{x}^{\mathrm{T}}(k)\left(\boldsymbol{A}_2^{\mathrm{T}}\boldsymbol{V}_2\boldsymbol{A}_2-\boldsymbol{E}^{\mathrm{T}}\boldsymbol{V}_2\boldsymbol{E}\right)\boldsymbol{x}(t)<0\end{cases}$$

使得系统是稳定的。

5.3　本章小结

本章讨论了一类离散切换广义系统的稳定性和混杂切换律的设计问题，给出了系统渐近稳定的充分条件和状态反馈控制器的设计方法，将正常切换系统的多Lyapunov函数方法推广到离散切换广义系统。算例仿真表明了所提方法的有效性。

第6章　结论与展望

切换广义系统研究的基本问题在于如何将切换系统与广义系统的研究方法结合，解决系统稳定性分析、控制器设计从而提高控制系统性能等问题。

本书借鉴切换系统、广义系统的研究方法和已有理论，基于Lyapunov稳定性理论、随机理论，利用先进的矩阵分析理论和线性矩阵不等式（LMIs）技术，研究了切换广义系统的稳定性分析与系统镇定问题。本书针对离散切换广义系统，基于公共Lyapunov方法及多Lyapunov方法，给出了系统的稳定性判据，并且给出了建立多Lyapunov函数的方法。基于随机理论，利用严格的线性矩阵不等式给出了一类随机控制器存在的充分条件，得到了控制器设计方案。本书的主要特点是：

① 考虑到公共Lyapunov函数不易求出的问题，利用多Lyapunov函数方法研究了离散切换广义系统的稳定性问题。将离散切换系统的判据推广到离散切换广义系统，得到了在任意切换下系统稳定的充分条件，并且给出了建立多Lyapunov函数的方法。

② 研究了切换广义系统的一类随机控制器，从而使得闭环系统随机稳定。对于切换广义系统，由于切换性质和奇异矩阵的存在导致切换矩阵与共同控制器的强耦合，这使得设计控制器非常复杂。为了解决这个问题，利用严格的线性矩阵不等式给出了一类随机控制器存在的充分条件。这种控制器把共同增益和变增益的控制器有效地结合起来，同时与传统的共同控制器和变控制器相比，这类控制器更容易实现。

③ 讨论了一类离散切换广义系统的稳定性和混杂切换律的设计问题，给出了系统渐近稳定的充分条件和状态反馈控制器的设计方法，将正常切换系统的多Lyapunov函数方法推广到离散切换广义系统。

本书所研究的内容对于切换广义系统理论的进一步完善与深化起到了一定的促进作用，但还有以下问题有待进一步研究：

① 离散系统和广义系统自身的特点使切换离散广义系统的问题十分复杂，所以有关该系统的时滞等问题值得深入思考。

② 系统的能控能观问题也是有待进一步研究的。

③ 稳定性和性能分析与控制器设计问题上，根据具体问题选取合适的Lyapunov函数，更有效地利用系统的各种信息；尽可能降低方法的保守性和减少计算量与复杂度。

④ 算例仿真。应用仿真工具箱MATLAB，给出仿真效果图。

总之，随着切换广义系统研究的不断深入，通过系统性能指标的提出、控制器设计与仿真，一定会促进工业控制、装备制造业领域网络化的飞速发展。

参考文献

[1] 俞新贞, 吴澄. 离散事件系统的稳定性 [J]. 控制与决策, 2001, 16 (1): 55-57, 61.

[2] KEVIN M P, ANTHONY N M, PANOS J A. Lyapunov stability of a class of discrete event systems [J]. IEEE trans. on AC, 1994, 39(2): 269-279.

[3] 俞新贞, 吴澄. 混合动态系统的稳定性 [J]. 控制与决策, 2001,16(3): 311-313, 317.

[4] YEH, ANTHONY N M, HOU L. Stability theory for hybrid dynamical systems [J]. IEEE trans. on AC, 1998, 43(4):461-474.

[5] DANIEL L, MORE A S. Basic problems in stability and design of switched system [J]. Lecture notes of IEEE control system magazine, 1999, 19 (5):59-70.

[6] 谢广明, 郑大钟. 关于一类混合动态系统能控性与镇定的研究:一个例子 [J]. 控制理论与应用, 2002, 19(2):302-304.

[7] 谢广明, 郑大钟. 一类线性切换系统能控性和能达性的充要条件 [J]. 控制与决策,2001,16(2):248-253.

[8] 谢广明, 郑大钟. 一类混合动态系统的能控性和能观性研究 [J]. 控制理论与应用, 2002, 19(1):139-142.

[9] SUN Z D, ZHENG D Z. On reachability and stabilization of switched linear systems [J]. IEEE trans. on AC 2001, 46(2):291-295.

[10] GESS, SUNZD, LEETH. Reachability and controllability of switched linear discrete-time systems [J]. IEEE trans. on AC, 2001, 46(9):1437-1441.

[11] LI Z G, WEN C Y, SOH YC. Stabilization of a class of switched systems via designing switching laws [J]. IEEE trans. on AC, 2001, 46 (4):665-670.

[12] EFSTRATIOS S, Robin J E, ANDREY V S, et al. Stability results for switched controller systems [J]. Automatic, 1999, 35(4):553-564.

[13] KUMPATI S, JEYENDRAN B. Common Lyapunov function for stable LTI systems with cummuting A-Matrices [J]. IEEE trans. on AC, 1994, 39(12):2469-2471.

[14] MIKAEL J, ANDERS R. Computation of piecewise quadratic Lyapunov functions for hybrid system [J]. IEEE trans. on AC, 1998, 43(4):555-559.

[15] TATSUSHI O, YASUYUKI F. Two conditions concerning common quadratic Lyapunov functions for linear systems [J]. IEEE trans. on AC, 1997, 42(5):719-721.

[16] MCHACL S B. Multiple Lyapunov function and other analysis tools for switched and hybrid systems [J]. IEEE trans. on AC, 1998, 43(4):475-482.

[17] 刘玉忠，赵军. 具有m个开关系统的渐近稳定性 [J]. 控制理论与应用, 2001, 18(5):745-747.

[18] GANG F. Stability analysis of piecewise discrete-time linear systems [J]. IEEE trans. on AC, 2002, 47(7):1108-1112.

[19] 张伟，孙优贤.混合系统的稳定性分析 [J]. 自动化学报, 2002, 28(3):418-422.

[20] 刘玉忠，赵军. 一类非线性开关系统二次稳定性的充要条件 [J]. 自动化学报, 2002, 28(4):596-600.

[21] ZHAI HF, HU XH, SU HY, et al. Study on stability of hybrid system via multiple Lyapunov functions [J]. 控制理论与应用, 2002, 19(3):457-461.

[22] LI Z G, SOH C B, XU X H. Lyapunov stability of a class of hybrid dynamic systems [J]. Automatica, 2000, 36(2):297-302.

[23] 杨根科，吴智铭，孙国基. 控制模态转移型系统的稳定切换 [J]. 自动化学报, 2002, 28(1):108-111.

[24] LI Z G, SOH C B, XU X H. Stability of hybrid dynamic systems [J]. International journal of system science, 1997, 28:837-846.

[25] LI Z G, SOLT Y C, WEN C Y. Robust stability of quasi-periodic hybrid dynamic uncertain systems [J]. IEEE trans. on AC, 2001, 46(1):107-111.

[26] LI Z G, SOH Y C, WEN C Y. Robust stability of a class of hybrid

nonlinear systems [J]. IEEE trans. on AC, 2001, 46(6):897-903.

[27] LAM H K, F EUNG H F L, TAM P K S. A switching controller for uncertain non-linear systems [J]. Lecture notes of IEEE control system magazine, 2002(2):7-14.

[28] ALESSANDYIAND A, COLETA P. Design of observers for a class of hybrid linear system [J]. HSCC, 2001, 20(34):7-18.

[29] HESPANHA JOAO, LIBERZON DANIEL, MORSE A S, et al. Multiple model adaptive control part 2:switching [J]. Int. J. robust nonlinear control, 2001(11):479-496.

[30] P P D R. Asymptotic stability of m-switched system using Lyapunov-like functions [C]//Proceedings of the 1991 American Control Conference, 1991:1679-1684.

[31] BRANICKY M S. Stability of switched and hybrid systems [C]//Proceedings of the 33th IEEE Conference on Decision and Control, 1994: 3498-3503.

[32] BRANICKY M S. Multiple Lyapunov function and other analysis tools for switched and hybrid system [J]. IEEE trans. on AC, 1998, 43(4): 475-482.

[33] YE H, MICHEL A N, HOU L. Stability theory for hybrid dynamical system [C]//Proceedings the 34th IEEE Conference on Decision and Control, 1995:2679-2684.

[34] YE H, MICHEL A N. Stability theory for hybrid dynamical system [J]. IEEE transactions on automatic control, 1998, 43(4):461-474.

[35] 张嗣瀛. 现代控制理论 [M]. 沈阳:东北大学出版社,1996:75-139.

[36] 张庆灵,张立茜,戴冠中,等. 广义线性系统的鲁棒稳定性分析与综合 [J]. 控制理论与应用,1999,16(4):525-528.

[37] ROSENBROCK H H. Structural properties of linear dynamical system [J]. Int. J. control, 1974, 20(2):191-202.

[38] 张建华,于桂荣. 连续广义系统的镇定分析 [J]. 沈阳航空工业学院学报, 2002, 19(2):67-69.

[39] ZHANG Q L, LAM J, ZHANG L Q. Generalized Lyapunov equation for analyzing the stability of descriptor system [C]//Proceedings of 14th World Congress of IFAC, 1999:19-24.

[40] MASUBUCHI I, KAMITANE Y, OHARA A, et al. H_∞ control for descriptor system: a matrix inequalities approach [J]. Automatica, 1997, 33(4): 669-673.

[41] 张庆灵,戴冠中,James Lam,等. 广义系统的渐近稳定性与镇定 [J]. 自动化学报,1998,24(2):208-212.

[42] 张庆灵,姚波,杨冬梅. 广义系统的Lyapunov方程综述 [J]. 全国数学、力学、物理学、高新技术交叉学科研究进展,2002(9):116-121.

[43] IZUMI M, ETSUJIRO S. An LMI condition for stability of implicit system [C]// Proceedings of the 36th Conference on Decision & Control. San Diego, California USA, 1997:779-880.

[44] 姚波,张庆灵,杨冬梅. 离散广义系统的渐近稳定性分析与控制 [M], 东北大学学报,2002, 23(4):315-317.

[45] 张庆灵. 广义大系统的分散控制与鲁棒控制 [M]. 西安:西北工业大学出版社,1997.

[46] ZHANG L Q, LAM J, ZHANG Q L. Lyapunov and Riccati equations of descriptor system [J]. IEEE transactions on automatic control, 1999, 44(11):2134-2139.

[47] 王卿, 张庆灵, 姚波. 离散广义系统具有正定解的Lyapunov方程 [J]. 黑龙江大学自然科学学报, 2003, 20 (1):50-54.

[48] 杨战民, 王社宽, 吴明鑫, 等. 广义离散系统稳定性的判据 [J]. 咸阳师范学院学报, 2003, 18(4):12-13.

[49] JOAO Y I, MARCO H T. A new Lyapunov equation for discrete-time descriptor system [C]// Proceedings of American Control Conference. Denver, Colorado, 2003, 7(4/5/6):5078-5082.

[50] 王仁明. 混合动态系统的稳定性分析与控制研究 [D]. 杭州:浙江大学, 2003.

[51] 段广仁. 线性系统理论 [M]. 哈尔滨:哈尔滨工业大学出版社,1998:310-339.

[52] 杨冬梅,张庆灵,姚波. 广义系统 [M]. 北京:科学出版社,2004:30-58.

[53] 王卿,张庆灵. 广义系统具有正定解的Lyapunov方程 [J]. 计算技术与自动化,2002,21(3):14-19.

[54] 岳晓宁,张秀华. 李雅普诺夫广义系统稳定性分析 [J]. 辽宁教育学院学报,1998,15(5):42-44.

[55] 梁家荣. 滞后广义系统的渐近稳定与镇定 [J]. 系统工程与电子技术,2001,23(2):62-64.

[56] 张先明,吴敏,何勇. 线性时滞广义系统的时滞相关稳定性 [J]. 电路与系统学报,2003,8(4):3-7.

[57] LI Y Q, LIU Y Q. Stability of solution of singular systems with delay [J]. 控制理论与应用,1998,15(4):542-550.

[58] 应益荣,梁家荣. 关于滞后广义系统的变结构控制的一个结果 [J]. 西北建筑工程学院学报,1999(3):65-68.

[59] 胡刚,孙继涛. 时变广义系统稳定性分析 [J]. 同济大学学报,2003,31(4):481-485.

[60] 刘永清,李远清. 一类滞后型时变广义系统解的稳定性 [J]. 控制与决策,1997,12(3):193-197.

[61] BOUKAS E K, LIU Z K. Delay-dependent stability analysis of singular linear continuous-time system [J]. IEEE proc. -control theory appl., 2003,150(4):325-330.

[62] 张庆灵,戴冠中,徐心和,等,离散广义系统稳定性分析与控制的Lyapunov方法 [J]. 自动化学报,1998,24(5):622-629.

[63] 梁家荣,应益荣. 离散广义系统的稳定性分析 [J]. 陕西师范大学学报(自然科学版),1999,27(4):17-21.

[64] 朱尚伟. 离散广义线性系统的若干结论 [J]. 中国民航学院学报,1994,12(1):93-97.

[65] ZHANG G F, ZHANG Q L, Chen T W, et al. On Lyapunov theorem for descriptor systems [J]. Dynamics of continuous, discrete and impulsive systems, series B:applications algorithms,2003(10):709-725.

[66] JOAO Y I, MARCO H T. On the Lyapunov theory for singular systems [J]. IEEE transaction on automatic control, 2002,47(11):1926-1930.

[67] 梁家荣. 具滞后的离散广义系统的稳定性分析 [J]. 广西大学学报,2000,25(3):249-251.

[68] KIYOTSUGU T, NAOKI M, TOHRU K. A generalized Lyapunov theorem for descriptor system [J]. Elsevier, systems & control letters, 1995,24(1):49.

[69] ZHANG L, LAM J, ZHANG Q L. New Lyapunov and Riccati equations for discrete-time descriptor systems [C]//Proceedings of 14th World Con-

gress of IFAC. Beijing, 1999:7-12.

[70] 韩京清,何关钰,许可康. 线性系统理论代数基础 [M]. 沈阳:辽宁科学技术出版社,1995.

[71] CHEN C, LIU Y. Lyapunov stability analysis of linear singular dynamical systems [J]. IEEE international conference on intelligent processing systems, 2010(28/29/30/31):635-639.

[72] 张庆灵. 广义系统结构的李雅普诺夫方法 [J]. 系统科学与数学,1994, 14(2):117-120.

[73] XINX, TSUTOMU M. On the strong solutions generalized algebraic Riccati equations [J]. SICE'98,1998(29/30/31):791-796.

[74] ZHANG Q L, XU X H. Structural stability and linear quadratic control for discrete descriptor systems [C]//Proceedings of the Asian Control Conference. Tokyo, 1994, 7:27-30.

[75] D J BENDER. Lyapunov-like equations and reachability/observability Gramians for descriptor systems [J]. IEEE transactions on automatic control, 1987, 32(4):52-57.

[76] IZUMI M. Stability and stabilization of implicit systems [C]//Proceedings of the 39th IEEE Conference on Decision and Control. Sydney, Australia, 2000:3636-3641.

[77] VASSILIS L S, PRADEEP M, RAVI A. On the discrete generalized Lyapunov equation [C]. Elsevier Science Ltd., Automatica, 1995:297-301.

[78] ZHANG Q L, LIU W Q, HILL D. A Lyapunov approach to analysis of discrete singular systems [J]. Systems & control letters, 2002, 45:237-247.

[79] DEBELJKOVI D L, ALEKSENDRI M, YONG N Y, et al. Lyapunov and non-Lyapunov stability of linear discrete time delay systems [J]. Mechanical engineering, 2002, 9 (1): 1147-1160.

[80] ZHANG Q L, LIU W Q, HILL D. A Lyapunov approach to analysis of discrete singular systems [J]. Elsevier, systems & control letters, 2002, 45:237-247.

[81] 梁家荣,樊晓平. 不确定广义系统的鲁棒稳定性 [J]. 系统工程,2002, 7(4):7-11.

[82] 胡刚,任俊超. 不确定广义系统的鲁棒稳定界 [J]. 数学的实践与认识,

2003, 7(7):83-87.

[83] 张秀华,张庆灵. 带有不确定性的离散广义系统的二次稳定性 [J]. 东北大学学报,2002, 4(4):318-320.

[84] 陈雪如,邹云,杨成梧. 2D奇异离散系统的内部稳定性 [J]. 南京理工大学学报,2000, 4(2):156-159.

[85] 刘永清,李远清. 一类滞后型时变广义系统解的稳定性 [J]. 控制与决策,1997, 12(3):193-197.

[86] KIYOTSUGU T, NAOKI M, TOHRU K. A generalized Lyapunov theorem for descriptor system [J]. System & control letters, 1995, 24:49–51.

[87] GOLLU A, VARAIYA P P. Hybrid dynamical systems [C]//Proceedings of the 28th IEEE Conference on Decision and Control. Tampa, USA, 1989:3228-3234.

[88] BROCKETT R W. Hybrid modes for motion control systems [M]// TRENTELMAN H L, WILLEMS J C. Essays in control. Boston: Birkhauser, 1993.

[89] DECARLO R, BRANICKY M S, PETTERSSON S, et al. Perspective and results on the stability and stabilizability of hybrid systems [J]. Proceedings of the IEEE, 2000, 88(7):1069-1082.

[90] LIBERZON D, MORSE A S. Basic problems in stability and design of switched systems [J]. IEEE control systems magazine, 1999, 19(5):59-70.

[91] BACK A, GUCKENHEIMER J, MYERS M A. Dynamical simulation facility for hybrid systems [M]//GROSSMAN R L, NERODE A, RAVN AP, et al. Hybrid systems. New York:Springer, 1993.

[92] ZHANG L J, CHENG D Z, LI C W. Disturbance decoupling of switched nonlinear systems [C]//Proceedings of the 23rd Chinese Control Conference, 2004:1591-1595.

[93] LIBERZON D. Control using logic and switching, part 1:switching in systems and control [R]//Tutorial Workshop, 40th Conference on Decision and Control. Orlando, FL, 2001.

[94] NARENDRA K S, BALAKRISHNAN J. A common Lyapunov function for stable LTI systems with commuting a-matrices [J]. IEEE trans. on automatic control, 1994, 39(12):2469-2471.

[95] HESPANHA J P, MORSE A S. Stabilization of nonholonomic integrators via logic-based switching [J]. Automatica, 1999, 35:385-393.

[96] SKAFIDAS E, EVANS R J, SAVKIN A V, et al. Stability results for switched controller systems [J]. Automatica, 1999, 35:553-564.

[97] 张霄力, 刘玉忠, 赵军. 一类切换系统的鲁棒控制 [J]. 东北大学学报, 2000, 21(5):498-500.

[98] 翟长连, 何苇, 吴智铭. 切换系统的稳定性及镇定控制器设计 [J]. 信息与控制, 2000, 29(1):21-26.

[99] SAVKIN A V, SKAFIDAS E, EVANS R J. Robust output feedback stabilizability via controller switching [J]. Automatica, 1999, 35:69-74.

[100] LIN H, ANTSAKLIS P J. Robust controlled invariant sets for a class of uncertain hybrid systems [C]//Proceedings of the 41st IEEE Conference on Decision and Control. Las Vegas, Nevada USA, 2002:3180-3181.

[101] XIE W X, WEN C Y, LIZ G. Input-to-state stabilization of switched nonlinear systems [J]. IEEE trans. on automatic control, 2001, 46(7):1111-1116.

[102] DAAFOUZ J, RIEDINGER P, IUNG C. Stability analysis and control synthesis for switched systems:a switched Lyapunov function approach [J]. IEEE trans. on automatic control, 2002, 47(11):1883-1887.

[103] HESPANHA J P, LIBERZON D, MORSE A S. Logic-based switching control of a nonholonomic system with parametric modeling uncertainty [J]. Systems and control letters, 1999, 38:167-177.

[104] LI Z G, WEN C Y, SOH Y C. Switched controllers and their applications in bilinear systems [J]. Automatica, 2001, 37:477–481.

[105] LI Z G, WEN C Y, SOH Y C. Stabilization of a class of switched systems via designing switching laws [J]. IEEE trans. on automatic control, 2001, 46(4):665-670.

[106] LEMMON M, ANTSAKLIS P J. Timed automata and robust control: can we now control complex dynamical systems? [C]//Proceedings of the 36th IEEE Conference on Decision and Control. San Diego, California USA, 1997:108-113.

[107] HESPANHA J P, MORSE A S. Switching between stabilizing control-

lers [J]. Automatica, 2002, 38:1905-1917.

[108] PERSIS C D, SANTIS R D, MORSE A S. Switched nonlinear systems with state-dependent dwell-time [J]. Systems and control letters, 2003, 50:291-302.

[109] 孙洪飞. 切换系统稳定性若干问题的研究 [D]. 沈阳:东北大学,2002.

[110] 黄林. 稳定性与鲁棒性的理论基础 [M]. 北京:科学出版社,2003.

[111] 宗广灯. 切换混合动态系统的分析与控制器设计 [D]. 南京:东南大学,2005.

[112] LIBERZON D. Switching in systems and control [M]. Boston, MA: Birkhaüser, 2003.

[113] SUN Z, GE S. Switched linear systems:control and design [M]. New York:Springer-Verlag, 2004.

[114] ZHAO J, SPONG M. Hybrid control for global stabilization of the cart-pendulum system [J]. Automatica, 2001, 37(12):1941-1951.

[115] SUN X, WANG W, LIU G, et al. Stability analysis for linear switched systems with time-varying delay [J]. IEEE transactions on systems, man, and cybernetics, part B:cybernetics, 2008, 38(2):528-533.

[116] DAI L. Singular control systems [M]//Lecture notes in control and information sciences. New York:Springer-Verlag, 1989.

[117] MA S, ZHANG C. Delay-dependent stability and stabilization for uncertain discrete markovian jump singular systems with mode-dependent time-delay [C]//Proceedings of the 26th Chinese Control Conference, 2007:26-31.

[118] WICKS M, PELETIES P, DECARLO R. Switched controller synthesis for the quadratic stabilization of a pair of unstable linear systems [J]. European journal of control, 1998(4):140-147.

[119] HU B, ZHAI G, MICHAEL A N. Hybrid output feedback stabilization of two-dimensional linear control systems [C]//Proceedings of the American Control Conference. Chicago, Hliois, 2000:2184-2188.

[120] NARENDRA K, BALAKRISHNAN J. A daptive control using multiple modes [J]. IEEE trans. on automatic control, 1997,42(1):171-188.

[121] ZHAI G, CHEN X, IKEADA M, et al. Stability and L_2 gain analysis for a class of switched symmetric systems [C]//Proceedings of the 41st

IEEE Conference on Decision and Control. Las Vegas, Nevada USA, 2002:4395-4400.

[122] KOENIG D, MARX B. H_∞-filtering and state feedback control for discrete-time switched descriptor systems [C]//IET Control Theory. 2009, 6(3):661-670.

[123] ZHANG Y, DUAN G. Guaranteed cost control with constructing switching law of uncertain discrete-time switched systems [J]. Journal of systems engineering and electronics, 2007, 18:846-851.

[124] XIA Y, ZHANG J, BOUKAS E. Control for discrete singular hybrid systems [J]. Automatica, 2008,44:2635-2641.

[125] XIE X, HU G. Behavious of solutions for a class of linear singular switched systems with time delay [C]//Proceedings of the 26th Chinese Control Conference, 2007:93-96.

[126] YIN Y, ZHAO J. Hybrid control for a class of switched singular systems with state jumps [C]//Proceedings of the 6th World Congress on Intelligent Control and Automation, 2006:657-661.

[127] GU Z, LIU H. A common Lyapunov function for a class of switched descriptor systems [C]//International Asia Conference on Informatics in Control, Automation and Robotics, 2009:29-31.

[128] LIU Y. The impulsive property of switched singular intelligent [C]// Control and Automation, 2008:6369-6372.

[129] MENG B. Admissible switched control of singular systems [C]//Proc. of the 23rd Chinese Control Conference, 2004:1615-1619.

[130] MENG B, ZHANG J. Necessary condition for reachability of switched linear singular systems [J]. Acta aeronautica et astronautica sinica, 2005, 26(2):224-228.

[131] YIN Y, LIU Y, ZHAO J. Stability of a class of switched linear singular systems [J]. Control and decision, 2006, 21(1):24-27.

[132] MENG B. Observability conditions of switched linear singular systems [C]//Proc. of the 25th Chinese Control Conference, 2006:1032-1037.

[133] MENG B, ZHANG J. Output feedback based admissible control of switched linear singular systems [J]. Automatica sinica, 2006, 32(2): 179-185.

[134] ZHAI G, KOU R, IMAC J, et al. Stability analysis and design for switched descriptor systems [C]//Proceedings of the 2006 IEEE International Symposium on Intelligent Control, 2006:482-487.

[135] ZHAI G, XU X, IMAE J, et al. Qualitative analysis of switched discrete-time descriptor systems [C]//22nd IEEE International Symposium on Intelligent Control Part of IEEE Multi-conference in Systems and Control, 2007:196-201.

[136] XIE G, WANG L. Stability and stabilization of switched descriptor systems under arbitrary switching [C]//2004 IEEE International Conference in Systems, Man and Cybernetics, 2004:779-783.

[137] PELETIES P, DECARLO R. Asymptotic stability of m-switched systems using Lyapunov-like functions [C]//Proceedings of ACC, 1991: 1679-1684.

[138] WANG G, ZHANG Q, YANG C. Dissipative control for singular Markovian jump systems with delay [C]//Optimal Control Application and Methods, 2011.

[139] LAM J, SHU Z, XU S, et al. Robust H_∞ control of descriptor discrete-time Markovian jump systems [J]. International journal of control, 2007, 80(3):374-385.

[140] MEN B, LI X, ZHANG Q. A new Lyapunov approach to stability analysis of discrete-time switched linear singular systems [C]//The 22nd Chinese Control and Decision Conference (CCDC), 2010:2464-2468.

[141] YANG F, WANG Z, HUNG Y, et al. H_1 control for networked systems with random communication delays [J]. IEEE transactions on automatic control, 2006, 51(3):511-518.

[142] YUE D, TIAN E, ZHANG Y, et al. Delay-distribution-dependent robust stability of uncertain systems with time-varying delay [J]. International journal of robust and nonlinear control, 2009, 19(4):377-393.

[143] 王孝武. 现代控制理论基础 [M]. 北京:机械工业出版社,1998.

[144] 尹玉娟. 脉冲切换广义系统的稳定性与鲁棒控制 [D]. 沈阳:东北大学,2007.

[145] 张红涛,刘新芝. 关于一类脉冲切换系统的鲁棒H_∞控制 [J]. 控制理论与应用,2004, 21(2):261-266.

[146] ZHAI G S, HU B, YASUDA K, et al. Stability analysis of switched systems with stable and unstable subsystems: an average dwell time approach [J]. International journal of systems science, 2001, 32(8): 1055-1061.

[147] MORSE A S. Supervisory control of families of linearset-pointcontrollers-1: exact matching [J]. IEEE trans. automat. control, 1996, 41(10):1413-1431.

[148] HESPANHA J P, MORSE A S. Stability of switched systems with average dwell-time [C]. Proceedings of the 38th IEEE Conference on Decision and Control. Phoenix, Arizona, USA, 1999:2655-2660.

[149] UEZATO E, IKEAD M. Strict LMI conditions for stability, robust stabilization and H_∞ control of descriptor systems [C]// Proceedings of the 38th Conference on Decision ans Control. Phoenix, AZ, 1999:4092-4097.